沈阳市县（市）域
空气环境污染治理研究

张丽君／著

图书在版编目（CIP）数据

沈阳市县（市）域空气环境污染治理研究 / 张丽君著 .—北京：企业管理出版社，2019.11
ISBN 978-7-5164-2040-9

Ⅰ.①沈… Ⅱ.①张… Ⅲ.①城市空气污染 - 污染防治 - 研究 - 沈阳 Ⅳ.①X51

中国版本图书馆 CIP 数据核字（2019）第 226993 号

书　　名：沈阳市县（市）域空气环境污染治理研究
作　　者：张丽君
责任编辑：赵喜勤
书　　号：ISBN 978-7-5164-2040-9
出版发行：企业管理出版社
地　　址：北京市海淀区紫竹院南路 17 号　　邮编：100048
网　　址：http://www.emph.cn
电　　话：发行部（010）68701816　　编辑部（010）68420309
电子信箱：zhaoxq13@163.com
印　　刷：北京虎彩文化传播有限公司
经　　销：新华书店
规　　格：170 毫米 ×240 毫米　16 开本　11 印张　151 千字
版　　次：2019 年 12 月第 1 版　2019 年 12 月第 1 次印刷
定　　价：52.00 元

本书为“沈阳市县（市）域空气环境污染解析与机制和达标影响及控制管理系统研究”项目（项目编号：130105）研究成果。

项目组成员（排名不分先后）

张丽君　赵玉强　苗永刚　裴江涛　王　雪　张丽娜　曹小磊

荆　勇　王永璇　陈　晨　温　静

目 录

1 总论

1.1 研究背景及意义

防治大气污染，保证环境空气质量安全、达标是人类生存和发展的迫切需要，也是世界各国保护环境的主要任务之一。为了有效控制空气污染及其对人类健康造成的影响，世界各国及世界卫生组织都制定了环境空气质量标准、污染物排放标准和政策等，并采取了许多措施，有些措施已经取得了明显效果。

为了加强空气污染防治工作，我国近几年采取了一系列有针对性的措施，包括制订《大气污染防治行动计划》，出台和实施《大气污染防治法》等。但是由于能源结构、产业结构、经济发展水平、技术条件和管理机制等因素的制约，我国的空气污染问题一直比较严峻，而且一大部分城市并没有准确掌握城市空气污染的主要来源，特别是PM10、PM2.5的污染来源，因此，未能采取有效的空气污染防治措施，改善空气质量的进程也就十分缓慢，所以迫切需要该方面的研究成果。

为了推进空气质量改善，保证环境空气质量达标，辽宁省政府制定了“蓝天工程”实施方案。沈阳市有关部门围绕城市环境空气污染问题开展了一系列研究，也采取了一系列措施，但是空气质量并没有得到有效提高，同时，空气污染的范围已经由城区蔓延到县（市）域，有区域性发展的倾向。近些年，沈阳市县（市）域经济发展较快，但因注重经济效益，而忽视污染物的治理，对环境质量的负面影响非常明显，这一点在空气污染方面表现得尤为突出。随着沈阳市建成区的不断扩大，沈阳市下辖县（市）域的空气质量对沈阳市整体空气质量达标的影响越来越大。因此，只有准确掌握沈阳市县（市）域环境空气污染的污染来源、污染构成、地理分布、排放特征、各类污染源对环境空气污染的分担率等，才能有针对性地提出可行的、先进的污染防治技术措施，建立环境空气质量达标控制管理系统，推动辽宁省和沈阳市的“蓝天工程”顺利落实与实施，从而保证沈阳市各县（市）的环境空气质量达到国家新的环境空气质量标准。

鉴于此，本书通过对沈阳市县（市）域环境空气污染的现状和污染物的主要来源进行分析，有针对性地提出了提高沈阳市环境空气质量并使其达到国家新标准的对策措施，提出从县（市）域环境管理入手，切实落实辽宁省及沈阳市提出的“蓝天工程”的相关方案，以期对沈阳市县（市）域经济社会环境的可持续发展提供支撑与借鉴。

1.2 研究技术路线

首先，本书借助“沈阳市县（市）域空气环境污染解析与机制和达标影响及控制管理系统研究”项目的实施，收集了沈阳市经济、社会、资源环境等方面的资料，以及国内外有关大气污染及防治的资料，并对这些资料进行了系统的分析和整理；其次，对沈阳市县（市）域空气污染的现状、范围、特征等进行分析与研究，预测沈阳市经济社会发展和环境污染的趋势，进而提出促进沈阳市环境空气质量达标的技术、措施与对策；再次，建立沈阳市环境空气质量达标保障体系，拟订沈阳市环境空气质量达标行动计划；最后，编制项目研究报告。本书研究的技术路线如图 1–1 所示。

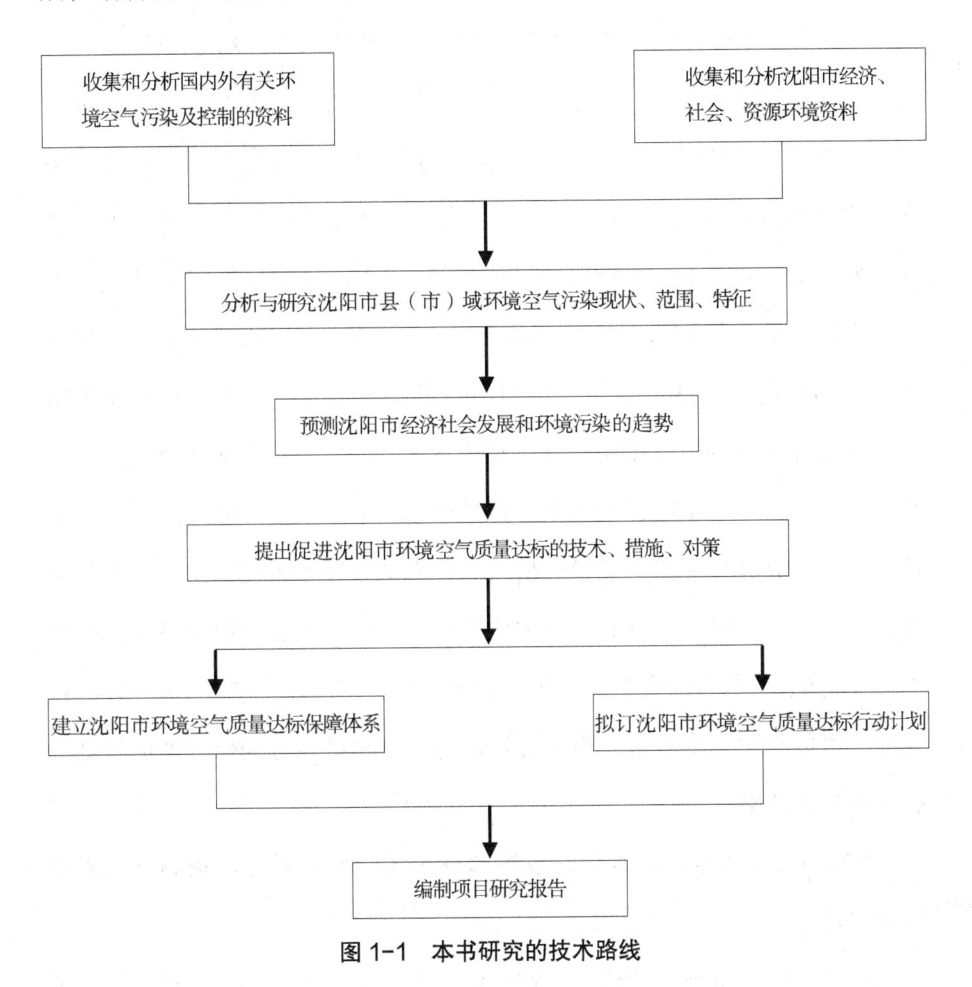

图 1–1 本书研究的技术路线

1.3 研究内容与结论

1.3.1 主要研究内容

1.3.1.1 沈阳市县（市）域环境空气污染分区及特征研究

本书主要针对 PM10、PM2.5 等空气污染物的污染现状进行分析与评价，科学掌握污染状况、污染原因、污染分布、污染特征，为空气污染控制提供科学的依据及基础支撑。

1.3.1.2 沈阳市县（市）域环境空气污染源解析及污染现状研究

空气污染的来源途径众多，主要包括燃煤、燃油、燃气、施工、原料堆存、扬尘、风沙等。因此，只有识别各种污染物的类型、构成及贡献率，才能有效控制空气污染。目前，沈阳市各县（市）对空气中颗粒物等主要污染物的来源、构成、成分等还不清楚，这对执行新的环境空气质量标准和落实辽宁省政府的“蓝天工程”、环境空气质量达标方案造成了极大的障碍。为此，本书对沈阳市各县（市）进行了大气污染源解析（Source Apportionment）研究。主要研究内容包括：科学设置采样点位，对空气中 SO_2、NO_x、PM2.5、PM10、O_3、CO 等主要污染物进行监测，采用比值法、主成分分析法、显微分析法、化学法等技术方法，确定这些污染物的主要来源，PM2.5、PM10 等主要污染物的主要成分，以及各类污染源的排放份额和对环境污染的贡献值（分担率）。通过环境空气污染源解析研究，可以为沈阳市各县（市）进行环境空气污染治理提供科学的依据和扎实可靠的基础。

1.3.1.3 沈阳市县（市）域经济社会发展对环境空气污染物排放影响的预测研究

本书采用系统动力学模型，预测各县（市）在不同的经济社会发展水平下，SO_2、NO_x 等主要空气污染物的排放状况。利用数学模型，预测和评价在不同的经济社会发展情景下，经济社会对环境空气质量的影响，并确定其对环境空气质量达标的影响范围、影响程度、影响特征。

1.3.1.4 环境空气质量影响因素及管理框架与途径研究

研究确定影响各县（市）环境空气质量达标的主要因素，提出环境空气质量管理框架和基本途径。

1.3.1.5 环境空气质量达标与经济发展优化研究

本书研究提出了符合经济社会环境可持续发展要求，有利于空气污染控制，确保环境空气质量达标的经济结构、产业结构和布局。

1.3.1.6 环境空气污染物减排的关键技术及措施研究

本书研究提出了SO_2、NO_x等主要空气污染物减排的关键技术及措施，包括污染治理技术及措施、清洁生产技术及措施、清洁能源技术及措施、污染集中控制技术及措施等。

1.3.1.7 环境空气质量达标技术和经济政策及考核管理研究

本书结合现有的环境保护政策和制度，结合沈阳市及各县（市）的实际情况，拟定了县（市）环境空气质量达标技术和经济政策、环境空气质量达标考核管理办法等。

1.3.1.8 制订县（市）环境空气质量达标行动计划

本书研究制订了沈阳市各县（市）环境空气质量达标行动计划，以指导县（市）环境空气质量达标工作。

1.3.2 主要研究结论

1.3.2.1 沈阳市县（市）环境空气污染特征及原因

沈阳市县（市）城区环境空气的主要污染物是降尘和PM10。影响环境空气质量的主要因素是大气污染物排放和气象因素，其中，大气污染物包括燃煤污染物、工业粉尘、机动车尾气等，气象因素有逆温天气、大风天气等。沈阳市县（市）能源以煤为主，采暖锅炉和民用生活炉灶需要耗用大量的煤炭，特别是在冬季采暖期，燃煤是空气中可吸入颗粒物、二氧化硫的主要来源。沈阳市县（市）冬季采暖期长达5个月，燃煤量大量增加，大气逆温频率高，强度大，不利于污染物扩散，致使冬季污染比较严重。沈阳市县（市）受内蒙古科尔沁沙地输送的影响，风沙较大，降水量少，特别是在植物非生长季节，由于没有植被覆盖，裸露地面较多，随风就地起砂、起尘现象颇为严重，导致春季降尘污染大。

1.3.2.2 沈阳市县（市）空气污染源解析

研究表明，三县一市[①]非采暖季各类污染源对大气中PM2.5的贡献率分别为：燃煤源32.6%、机动车尾气源19.9%、扬尘源16.9%、工业源16.5%、其他源（如生物质燃烧、餐饮、农业等）14.1%。

三县一市非采暖季大气中PM2.5的成分和来源呈现以下两个突出特点：一是燃煤排放是PM2.5的首要来源；二是二次粒子影响大，其影响不可忽视。PM2.5中的有机物、硝酸盐、硫酸盐主要由气态污染物二次转化生成，是重污染情况下PM2.5浓度升高的主要因素。

1.3.2.3 社会经济发展对污染物排放及环境影响的预测研究

本书运用系统动力学预测了三县一市社会经济发展对能源的需求，并通过CALPUFF模型预测了能源消耗对环境的影响。通过分析三县一市现有锅炉废气的环境影响可知，三县一市SO_2的浓度基本达到环境空气质量二级标准；三县一市PM10的浓度均未达到环境空气质量二级标准，且占标率较大，对环境造成显著影响；三县一市NO_x年均浓度达到环境空气质量二级标准，但典型日均浓度未达到环境空气质量二级标准，对环境造成很大影响。

1.3.2.4 环境空气质量达标与经济发展优化研究

沈阳三县一市区域大气污染主要是燃煤污染，缓解区域经济快速增长与环境空气质量的矛盾，其根本出路在于加强技术进步，发展高新技术产业，积极推行低碳经济，采用以低能耗、低污染、低排放为基础的经济模式，通过产业结构调整、技术创新、新能源开发等多种手段与措施，尽可能地减少煤炭、石油等高污染能源消耗，减少温室气体排放，达到经济社

① 本书中三县一市是指辽中县、法库县、康平县和新民市。其中，辽中县于2016年撤县设区。

会发展与生态环境保护双赢。具体来说，优化经济发展模式应做好以下几方面工作：一是调整经济结构，提升环保低碳产业占比；二是推进新技术研发，通过创新驱动经济发展；三是壮大龙头企业，发挥优势企业低污染排放的示范作用；四是广泛开展宣传，形成社会公众绿色发展共识。

1.3.2.5 环境空气污染物减排的关键技术及措施研究

重点应做好以下几方面工作：一是加强热电厂和集中供热污染控制；二是开展能源消耗综合整治及推广清洁能源；三是加大重点行业除尘脱硫脱硝治理；四是加强移动源污染控制；五是加强扬尘污染控制；六是加强挥发性有机物污染控制；七是明确划定高污染燃料禁燃区；八是加强大气环境监测与应急管理。

1.3.2.6 环境空气质量达标技术和经济政策及考核管理研究

（1）明确环境空气质量达标技术和经济政策的范围和内容。一是实施有效的技术政策。制订锅炉拆迁改造淘汰计划；大力推广煤炭高效洁净燃烧技术和装置；积极推进使用清洁能源，禁止在三县一市建成区建设燃煤设施。二是实施经济补偿及优惠政策。建立燃煤污染防治基金；对小锅炉拆除采取资金补贴政策；对集中供热热源、热电联产、供热管网的改造与建设给予资金补贴；等等。三是加大排污费征收力度。加快排污口规范化建设，增强环境执法的科学性。四是加强对环境经济政策的研究，重点解决政策实施配套问题。例如，生态补偿政策的实施需要解决环境资源定价、生态服务功能价值货币化评估等问题，排污权交易需要解决排污权市场如何建立、初始排污权如何分配等问题。五是建立沈阳市环境资源交易所，为排污权交易等政策的实施提供平台。六是充分发挥财政职能在环境经济政策中的引导作用。增强环保财政资金使用效果；注重改革创新，完善经济政策。

（2）提出环境空气质量达标考核管理办法。环境空气质量达标考核管理办法包括考核管理依据、考核管理对象、考核管理目标、考核结果等级划分、考核管理组织实施等内容。

1.3.2.7 制订县（市）环境空气质量达标行动计划

该计划在《沈阳市蓝天行动实施方案（2015—2017 年）》的基础上，结合县（市）实际，进一步加大污染防治力度，包括七大防治工程和五大保障措施，以达到全面提升县（市）环境空气质量的目的。

1.4 研究总体目标及考核指标

1.4.1 总体目标

本研究期望实现五大目标：一是系统、科学、准确地掌握沈阳市各县（市）环境空气质量的现状、存在的问题及制约其达标的因素；二是确定沈阳市各县（市）PM2.5 的主要污染源及其污染分担率；三是分析沈阳市各县（市）经济社会发展对环境空气质量达标的影响；四是提出沈阳市各县（市）环境空气质量达标的关键技术与措施；五是拟定沈阳市各县（市）环境空气质量达标的技术和经济政策以及考核管理办法。本研究期望通过达成以上研究目标为沈阳市各县（市）环境空气质量达标提供科学依据和支撑，助力整个沈阳市实现经济、社会、环境协调可持续发展。

1.4.2 考核指标

本书通过源解析技术进行研究，建立了污染物排放源清单，考察了扬尘源、机动车尾气源、工业源、燃煤源等污染源对沈阳市各县（市）大气污染的分担率。在此基础上，拟定了沈阳市各县（市）环境空气质量达标的政策、考核办法和保障体系。

1.5 研究的创新点

（1）本书采用系统动力学方法预测社会经济发展、能源需求及主要污染物增量；采用 CALPUFF 模型预测能源消耗对环境的影响。

（2）本书空气污染源解析采用主成分分析法，即基于与污染源有关的变量之间存在着某种相关性，在不损失主要信息的前提下，将一些具有复杂关系的变量或样品归纳为数量较少的几个综合因子。借助该方法，本书确定了三县一市污染物的主要来源、PM2.5 等污染物的主要成分，以及各类污染源的排放份额和对环境污染的贡献率。

（3）本书根据沈阳市各县（市）的实际情况，研究了县（市）环境空气质量达标的技术和经济政策，制定了环境空气质量达标考核管理办法，并制订了沈阳市各县（市）环境空气质量达标行动计划。

1.6 研究的不足及改进方向

由于资金和客观因素制约，本书中空气污染源解析只做了非采暖季的主成分分析，初步给出了三县一市非采暖季大气 PM2.5 的源解析结果。未来还应进一步做采暖季大气 PM2.5 的源解析，以便有针对性地调整大气污染防治措施，为促进空气质量达标、减少雾霾污染提供科学依据。

2 区域概况

2.1 自然环境概况

2.1.1 地理位置

沈阳市地处中国东北地区的南部，位于辽宁省的中部，东与抚顺市相邻，南与本溪市、辽阳市相连，西与阜新市、锦州市相依，北与铁岭市、内蒙古自治区接壤。沈阳市处于东经 122°25′9″~123°48′24″，北纬 41°11′51″~43°2′13″，东西长 115km，南北长 205km，总面积为 $12881km^2$。①

新民市位于辽宁省中部，隶属于省会沈阳市，是沈阳市西北部卫星城，距沈阳市 60km，1993 年撤县设市。东与于洪区、沈北新区交界，北与法库县、彰武县相连，西与阜新蒙古族自治县、黑山县接壤，南与辽中县毗邻。地处东经 122°27′~123°20′，北纬 41°42′~42°17′，总面积为 $3318km^2$。

辽中县位于辽宁省中部，沈阳市西南，地处东经 122°28′~123°6′，北纬 41°12′~41°47′，东西最长为 52km，南北最长为 62km，总面积为 $1460km^2$。辽中县东依灯塔市，南濒浑河与辽阳县相望，西邻台安县、黑山县，北接新民市，东北与于洪区毗连。

法库县位于辽宁省北部，距沈阳市 90km，东西长 80km，南北长 60km，

① 资料来源：《沈阳市城市总体规划（2011—2020 年）》。

总面积为 2320km^2，地处东经 122°44′~123°45′，北纬 42°39′~42°8′。法库县东邻铁法市、开原市、铁岭县、昌图县，西与彰武县毗连，南与新民市、沈北新区接壤，北依康平县，有沈阳北大门和后花园之称。

康平县位于辽宁省北部，地处东经 122°45′~123°37′，北纬 42°31′~43°2′，东西长 73km，南北长 58km，总面积为 2175km^2。东隔辽河与铁岭市昌图县相望，西邻阜新市彰武县，南接法库县，北与内蒙古自治区科尔沁左翼后旗毗邻，距沈阳市 120km。[①]

2.1.2 气象气候特征

沈阳市属于北温带半湿润大陆性季风气候。2013 年，境内年平均气温为 8.4℃，采暖季平均气温为 –4.8℃，其中 1 月平均气温最低（–11.0℃）；非采暖季平均气温为 17.8℃，其中 7 月平均气温最高（24.7℃）。年平均降水量为 690.3mm，降水多集中在非采暖季的 7、8 两月，并以 7 月的平均降水量为最大（165.5mm）；采暖季各月平均降水量逐渐减少，并以 1 月为最少（6.0mm）。年平均气压为 1011.2hPa，采暖季平均气压为 1019.1hPa，其中，1 月平均气压最高（1021.3hPa）；非采暖季平均气压为 1005.5hPa，其中 7 月平均气压最低（999.3hPa）。年平均相对湿度为 63%，采暖季平均相对湿度较小（58%），非采暖季平均相对湿度为 66%，其中，7 月为最大（78%），3、4 月为最小（51%）。

新民市为温带大陆性季风气候，属半湿润气候类型。其特点为寒冷期长，春季多风干燥，夏季炎热多雨，降水集中，四季分明。2013 年，境内年平均气温为 7.6℃，多年最高气温为 35.1℃，最低气温为 –28.2℃。年平均降水量为 600mm 左右，年平均相对湿度为 62%，无霜期为 160 天。冬季气候干燥、寒冷，多北风和西北风；夏季气候湿润多雨，多南风和西南风。常年主导风向为南西南风，年平均风速为 4.1m/s。年平均日照时数为

① 三县一市相关资料来源于沈阳市原国土资源局。

2753.2h，日照百分率为52%。

辽中县属中温带，为半湿润大陆性季风气候。2013年，境内年平均气温为8.3℃，较常年偏高0.3℃。年平均降水量为626.8mm，主要集中在7—9月，占全年降水量的75.8%。其中，春季为33.6mm，夏季为480.26mm，秋季为99.6mm，冬季（12月和当年1、2月）为13.35mm。风向以西南风为主，占66.1%。年平均风速为2.4m/s，3—5月较大，7、8月较小。

法库县属于温带大陆性季风气候，春季干旱多风，夏季炎热多雨，温度较高，冬季寒冷。2013年，境内年平均气温为6.8℃，比往年偏高；年平均降水量为759.4mm，比2011年多240.6mm，降水较多。雨热同季，适宜农业生产。

康平县地处北温带的边缘，属温带北缘半干旱大陆性季风气候。2013年，境内年平均降水量为558.9mm，其中60%~80%集中在夏季。年蒸发量为1953mm，是降水量的3.5倍。年平均风速为3.3m/s，年平均气温为7.3℃，极端最低气温为-30.3℃，极端最高气温为36.5℃，平均无霜期为150天。温度特点是年温差大，昼夜温差大，春秋气温变化大。

2.1.3 地形地貌

沈阳市地处长白山余脉与辽河冲积平原过渡地带，以平原为主。平均海拔在50m左右，最高海拔为447.2m，在法库县境内；最低海拔为5.3m，在辽中县境内。沈阳地区地势东高西低，不利于冬季污染物的扩散。东部主要为低山丘陵地区，属辽东丘陵的延伸部分。西部是辽河、浑河冲积平原。冲积平原地貌是沈阳市主体地貌，面积占全市土地面积的49.8%。沈阳市地貌类型分布情况如表2-1所示。

表 2-1 沈阳市地貌类型

地貌类型	构造剥蚀低山丘陵		山前倾斜平原		冲积平原		其他	
	面积（km^2）	占比（%）	面积（km^2）	占比（%）	面积（km^2）	占比（%）	面积（km^2）	占比（%）
统计值	1584.35	12.2	4830.33	37.2	6466.20	49.8	100.00	0.8

资料来源：沈阳市原国土资源局。

新民市为辽河冲积平原。地势由西北向东南缓慢倾斜，北部边界一带海拔在 50m 以上，向南逐渐降低，最低点在金五台子乡南部一角，海拔为 19m。依地势可将全境分为各具特点的四个地区：一是北部低丘区，海拔在 35~55m；二是辽河以东平原区，为冲积平原，海拔在 20~40m；三是柳绕沙碱区，为冲积倾斜平原，海拔在 30~50m；四是辽绕低洼区，为绕阳河、辽河、柳河冲积平原，地面以细粉砂为主。

辽中县位于下辽河断陷盆地的中部，地表没有基岩出露，均为百余米厚的第四纪松散地层所覆盖。地层中埋藏着石油、天然气、煤、铁等矿产。地势由东北向西南倾斜，海拔在 5.5~23.5m。

法库县属于半平原半丘陵地带，境内地势多态，西北高，东南低。境内山脉多属于医巫闾山支脉，由法库县西北入境，蜿蜒起伏，向东南止于辽河右岸，其中较大的山脉有七座：八虎山、马鞍山、五龙山、磨盘山、喇嘛山、老陵山、石砬山。山脉最高峰为北八虎山的庙台山，海拔为 446.9m。平原地区低洼，海拔为 40m。全县构成了“三山一水六分田”的格局。

康平县西南为兴安岭—医巫闾山余脉，北部为科尔沁沙地东南缘，东部为辽河冲积平原，形成西高东洼、南丘北沙的特点。地貌分为低山丘陵、黄土丘陵沟壑、低丘平岗、低洼平原（风沙盐碱）四个类型，可概括为“一水二草三林四分田”。

2.1.4 地质构造

在地质构造上，沈阳地区可分为两大部分：康平县北部属于吉黑褶皱系松辽沉降带的一部分；法库县以南为华北台地下辽河段的一部分。广大的下辽河平原为第四纪松散堆积物所覆盖，基岩出露面积很小。

沈阳市域的结晶基底可以分为太古界深变质的鞍山群和下元古界浅变质的辽河群，两者不整合接触。

在康平县北部沉积较厚的白垩纪底层，有赭红色砂砾岩、砂岩和粉砂岩。第四纪主要为全新统的冲击、洪积层和现代风成砂堆积，分布于各河流两岸及康平县北部，厚度在 40m 以上。

在新民市北部和法库县以北，辽河群底层由变粒岩、大理岩、片岩等组成。震旦亚届以石英砂为主，还有夹板岩和白云岩。侏罗纪主要是中上统，包括砾岩、砂岩、泥岩、灰质板岩、凝灰质砂岩、页岩和煤层及较多的化石。

在新民市和法库县以南的下辽河平原，其基底为鞍山群和辽河群，鞍山群由一系列混合花岗岩、角砾岩、片麻岩和石英岩组成的变质岩系组成。前震旦亚界构成下辽河凹陷的基底，岩性为花岗岩、花岗片麻岩、石英岩、千枚岩及混合岩。震旦系包括砾岩、石英岩、页岩、混灰岩。寒武系为灰岩和页岩。奥陶系和石炭系为海相碳酸盐沉积与海相沼泽相含煤碎屑沉积。两叠纪为泥岩、粉砂岩、砂岩，含植物化石和煤层。侏罗纪为灰色、灰黑色、灰绿色和红色含煤碎屑沉积。白垩纪为紫红色、紫灰色碎屑沉积。第三纪地层分布于全区，为一套灰绿、黄绿、浅灰、深灰等河湖相碎屑沉积岩。第四纪地层覆盖全区，为各河流的冲洪积、冲湖积及部分冲海积、淡水沉积。全新统底层发育齐全，构成了下辽河冲积平原。

沈阳市的侵入岩规模很小，有中生代的辉绿岩、闪长岩、安山岩和流纹岩，而混合花岗岩出露最为广泛。

陨落岩是一种特殊类型的岩石，对其认识尚不统一，有人认为它是元古代超基性侵入岩，还有人认为它是地球以外天体的陨落物质，并因此称为陨落岩。陨落岩分布在苏家屯区和东陵区。

2.1.5 水文地质

在新民市辖区内，有辽河、柳河、养息牧河、秀水河、绕阳河、蒲河六条较大的河流。这些河流都属于辽河及大辽河水系。

辽河在新民市罗家房乡团山子村流入新民市境内，流经罗家房乡、三道岗子乡、新城街道、大民屯镇、前当堡镇等 13 个乡镇街，接纳了秀水河、养息牧河、柳河三条支流河，蜿蜒约 90km，最后由金五台子乡杏树坨村流出。

柳河是辽河较大的支流之一，它发源于内蒙古科尔沁沙地，从于家乡北边村进入新民市，在新城街道王家窝堡村汇入辽河，在新民市境内全长约 50km。

养息牧河发源于彰武县，汇集了彰武县城区的工业废水和生活污水，在于家窝堡乡彰武台门村流入新民市，在巨流河北山村汇入辽河，在新民市境内全长约 40km。

秀水河发源于内蒙古科尔沁左翼后旗，在公主屯镇孙家窝堡村流入新民市，在公主屯镇北岗村汇入辽河，在新民市境内全长约 22km。

绕阳河发源于内蒙古库伦旗境内，在姚堡乡大路村流入新民市，在新民市境内全长约 57km。

蒲河发源于沈阳市沈北新区，经于洪区在兴隆堡镇老什牛村进入新民市境内。沈阳市城区污水经小浑河在法哈牛镇王家河套汇入蒲河。蒲河在新民市境内全长约 32km。

辽中县地处辽河中下游。境内有辽河、浑河、蒲河三条河流，流向基本为东北向西南，属季节性河流。三条河流境内总长约 235km，境内总流域面积约 1388km^2。境内有池塘、泡沼、水库及人工引水工程 2700 多处，水面面积约 55km^2。

全县地下水含水层深度在 150~170m 之间，初见水位深度在 0.98~3.46m 之间，属于潜水型，稳定水位深度为 0.90~2.85m，即相对海拔标高为 12.19~12.25m，县北埋藏较深，县南埋藏较浅。地下水主要靠河流和降水渗入补给，水位随降水多少而变化，一般都在冻结线及基础砌置深度范围内。

法库县内大小河流共 70 条，河流面积约 10km^2 以上的有 69 条，长约 573km，其中较大的河流有秀水河、拉马河、王河三条，其余均属时令河。

秀水河发源于内蒙古科尔沁左翼后旗，流经康平县西南部于卧牛石乡进入法库县境内，在新民市公主屯镇北岗村汇入辽河，境内河长约 44km，流域面积约 833km^2。

拉马河发源于法库县四家子蒙古族乡北八虎山东，于铁岭县阿吉堡镇汇入辽河，境内河长约 26km，流域面积约 929km^2。

王河发源于慈恩寺乡榛柴岗子村，于铁岭县双井子乡丈台山处汇入辽河，境内河长约 25km，流域面积约 363km^2。

康平县有辽河，境内长度约 527km，流域面积约 89km^2。除辽河外，还有另外七条河流属辽河水系，分别为公河、蚂螂河、东马莲河、八家子河、西马莲河、李家河、利民河。

沈阳市从北至南横贯浑河冲洪积扇。扇地地下水的赋存条件与古地貌、地层结构、岩土孔隙度和水理性质等因素密切相关，不同砂体赋存地下水的丰富程度有很大差别。整个浑河扇地蕴藏着丰富的孔隙承压水、潜水。辽宁省地质环境监测总站 2013 年勘察期间，各勘探孔均见地下水，水温为 9~15℃，一般为 11~13℃，属冷水。地下水类型为第四系松散岩类孔隙潜水，稳定水位埋深为 5.1~15.7m，水位标高为 31.75~42.29m，地下水常年水位变幅为 0.5~2m。据沈阳市水文站实测，水头高度为 40.95m，流量为 5010m^3/s，流速为 3.14m/s，河底最大冲刷变幅为 7.0m。浑河扇地地下水流向总体上为由东向西。抽水试验表明，单井涌水量为 1720.8~6306m/d，降深为 1.72~12.05m，单位涌水量为 104.3~3665.02m^3/d · m，水量丰富。含水层综合渗透系数为 74.8~210m，影响半径为 80~350m。

2.2 社会经济概况[①]

2.2.1 行政区划与人口

沈阳市是东北地区的经济、文化、交通和商贸中心，中国的工业重镇和历史文化名城。2013 年，在总人口 825.7 万人中，市区人口 522.12 万人，占市域总人口的 63.23%。沈阳市下设和平区、沈河区、大东区、皇姑区、铁西区、苏家屯区、东陵区、沈北新区、于洪区 9 个市区和新民市、辽中县、康平县、法库县 4 个县（市）。2013 年沈阳市行政区划及土地面积情况如表 2–2 所示。

表 2–2 2013 年沈阳市行政区划及土地面积情况

	和平区	沈河区	大东区	皇姑区	铁西区	苏家屯区	东陵区	沈北新区	于洪区	新民市	辽中县	康平县	法库县	全市
街道办事处（个）	13	15	14	15	20	7	12	2	9	—	—	—	—	107
乡人民政府（个）	—	—	—	—	—	5	2	5	3	13	8	8	11	55
镇人民政府（个）	—	—	—	—	—	7	6	6	7	11	12	7	8	64
土地面积（km^2）	60	60	100	66	286	776	883	878	499	3318	1460	2175	2320	12881

2009—2013 年，沈阳市各年人口数基本保持在 800 万人左右，人口密度

① 本节相关数据来源于《沈阳统计年鉴》和各地统计局统计数据。

保持在636人/km²内。与2009年相比，2013年人口数增加39.7万人，人口密度提高30人/km²。2009—2013年沈阳市人口数与人口密度如表2-3所示。

表2-3 2009—2013年沈阳市人口数与人口密度

年份	人口数（万人）	人口密度（人/km²）
2009	786	606
2010	810.6	624
2011	818	634
2012	822.8	636
2013	825.7	636

2013年三县一市行政区面积及人口分布如表2-4所示。

表2-4 2013年三县一市行政区面积及人口分布

区划	面积（km²）	人口（万人）
新民市	3318	70
辽中县	1460	50
康平县	2175	35
法库县	2320	45

2.2.2 经济发展与结构

“十二五”以来，沈阳市经济总量保持着强劲增长的势头，2013年地区生产总值（GDP）为7158.6亿元，按可比价计算，比上年增长8.8%。其中，第一产业增加值为335.5亿元，增长4.7%；第二产业增加值为3709.2亿元，增长10.1%；第三产业增加值为3113.8亿元，增长7.6%。按常住人口计算，人均GDP为86850元，增长8.2%。2009—2013年沈阳市地区生产总值及三大产业增加值如表2-5所示。

表 2-5　2009—2013 年沈阳市地区生产总值及三大产业增加值

年份	地区生产总值（亿元）	第一产业增加值（亿元）	第二产业增加值（亿元）	第三产业增加值（亿元）	所占比例（%）		
					第一产业增加值	第二产业增加值	第三产业增加值
2009	4359.3	197	2214.7	1947.6	4.5	50.8	44.7
2010	5017	232.4	2542.4	2242.2	4.6	50.7	44.7
2011	5914.9	279.1	3027.6	2608.2	4.7	51.2	44.1
2012	6606.8	315.2	3389.1	2902.5	4.8	51.3	43.9
2013	7158.5	335.5	3709.2	3113.8	4.7	51.8	43.5

2009—2013 年三县一市地区生产总值及三大产业增加值如表 2-6 所示。

表 2-6　2009—2013 年三县一市地区生产总值及三大产业增加值

单位：亿元

年份	地区生产总值	第一产业增加值	第二产业增加值	第三产业增加值
2009	576	143	313	120
2010	806	177	432	197
2011	1096	249	564	283
2012	1205	302	599	304
2013	1307	272	733	302

法库县 2013 年地区生产总值为 268 亿元，比上年增长 9.8%。其中，第一产业增加值为 72 亿元，占总产值的 27%；第二产业增加值为 145 亿元，占总产值的 54%；第三产业增加值为 51 亿元，占总产值的 19%。2009—2013 年法库县地区生产总值及三大产业增加值如表 2-7 所示。

表 2-7　2009—2013 年法库县地区生产总值及三大产业增加值

年份	地区生产总值（亿元）	第一产业增加值（亿元）	第二产业增加值（亿元）	第三产业增加值（亿元）	所占比例（%）		
					第一产业增加值	第二产业增加值	第三产业增加值
2009	110	30	56	24	27	51	22

续表

年份	地区生产总值（亿元）	第一产业增加值（亿元）	第二产业增加值（亿元）	第三产业增加值（亿元）	所占比例（%）		
					第一产业增加值	第二产业增加值	第三产业增加值
2010	152	44	76	32	29	50	21
2011	212	72	98	42	34	46	20
2012	244	90	105	49	37	43	20
2013	268	72	145	51	27	54	19

康平县2013年地区生产总值为197亿元，比上年增长8.8%。其中，第一产业增加值为36亿元，占总产值的18%；第二产业增加值为108亿元，占总产值的55%；第三产业增加值为53亿元，占总产值的27%。2009—2013年康平县地区生产总值及三大产业增加值如表2-8所示。

表2-8　2009—2013年康平县地区生产总值及三大产业增加值

年份	地区生产总值（亿元）	第一产业增加值（亿元）	第二产业增加值（亿元）	第三产业增加值（亿元）	所占比例（%）		
					第一产业增加值	第二产业增加值	第三产业增加值
2009	100	21	58	21	21	58	21
2010	131	31	66	34	24	50	26
2011	163	47	70	46	29	43	28
2012	181	60	69	52	33	38	29
2013	197	36	108	53	18	55	27

新民市2013年地区生产总值为452亿元，比上年增长8.7%。其中，第一产业增加值为86亿元，占总产值的19%；第二产业增加值为262亿元，占总产值的58%；第三产业增加值为104亿元，占总产值的23%。2009—2013年新民市地区生产总值及三大产业增加值如表2-9所示。

表 2-9 2009—2013 年新民市地区生产总值及三大产业增加值

年份	地区生产总值（亿元）	第一产业增加值（亿元）	第二产业增加值（亿元）	第三产业增加值（亿元）	所占比例（%）		
					第一产业增加值	第二产业增加值	第三产业增加值
2009	186	47	100	39	25	54	21
2010	263	53	147	63	20	56	24
2011	361	65	202	94	18	56	26
2012	416	79	225	112	19	54	27
2013	452	86	262	104	19	58	23

辽中县 2013 年地区生产总值为 390 亿元，比上年增长 7.1%。其中，第一产业增加值为 78 亿元，占总产值的 20%；第二产业增加值为 218 亿元，占总产值的 56%；第三产业增加值为 94 亿元，占总产值的 24%。2009—2013 年辽中县地区生产总值及三大产业增加值如表 2-10 所示。

表 2-10 2009—2013 年辽中县地区生产总值及三大产业增加值

年份	地区生产总值（亿元）	第一产业增加值（亿元）	第二产业增加值（亿元）	第三产业增加值（亿元）	所占比例（%）		
					第一产业增加值	第二产业增加值	第三产业增加值
2009	180	45	99	36	25	55	20
2010	260	49	143	68	19	55	26
2011	360	65	194	101	18	54	28
2012	364	73	200	91	20	55	25
2013	390	78	218	94	20	56	24

2.2.3 能源消耗及来源

2009—2013 年，三县一市能源消耗仍以燃煤为主，耗煤量逐年增加，2013 年比 2009 年增加 26.86%。2009—2013 年三县一市能源消耗情况如表 2-11 所示。

表 2-11 2009—2013 年三县一市能源消耗情况

单位：吨

类别	2009 年	2010 年	2011 年	2012 年	2013 年
能源消耗量	10789651	11554983	12422502	13522671	14384882
煤消耗量	16844084	17924544	16818132	17203852	21368001

注：能源消耗量为标准煤。

2009—2013 年，法库县能源消耗仍以燃煤为主，耗煤量逐年增加，2013 年比 2009 年增加 70.42%。2009—2013 年法库县能源消耗情况如表 2-12 所示。

表 2-12 2009—2013 年法库县能源消耗情况

单位：吨

类别	2009 年	2010 年	2011 年	2012 年	2013 年
能源消耗量	1813861	2249563	2830655	3587870	3764058
煤消耗量	1714614	1797984	1305253	1618876	2922115

注：能源消耗量为标准煤。

2009—2013 年，康平县能源消耗仍以燃煤为主，耗煤量逐年增加，2013 年比 2009 年增加 28.22%。2009—2013 年康平县能源消耗情况如表 2-13 所示。

表 2-13 2009—2013 年康平县能源消耗情况

单位：吨

类别	2009 年	2010 年	2011 年	2012 年	2013 年
能源消耗量	1865099	1933594	1993111	2064374	2206924
煤消耗量	2989240	3350973	3223455	3238436	3832911

注：能源消耗量为标准煤。

2009—2013 年，辽中县能源消耗仍以燃煤为主，耗煤量逐年增加，2013 年比 2009 年增加 24.33%。2009—2013 年辽中县能源消耗情况如表 2-14 所示。

表 2-14　2009—2013 年辽中县能源消耗情况

单位：吨

类别	2009 年	2010 年	2011 年	2012 年	2013 年
能源消耗量	3613630	3746338	3861653	3999725	4275916
煤消耗量	5972904	6492511	6245445	6274471	7426266.

注：能源消耗量为标准煤。

2009—2013 年，新民市能源消耗仍以燃煤为主，耗煤量逐年增加，2013 年比 2009 年增加 16.53%。2009—2013 年新民市能源消耗情况如表 2-15 所示。

表 2-15　2009—2013 年新民市能源消耗情况

单位：吨

类别	2009 年	2010 年	2011 年	2012 年	2013 年
能源消耗量	3497061	3625488	3737083	3870702	4137984
煤消耗量	6167326	6283076	6043979	6072069	7186709

注：能源消耗量为标准煤。

2.2.4　供热设施建设

2.2.4.1　辽中县供热设施建设情况

截至 2013 年，辽中县城区供热比较分散，主要为中小型锅炉房，基础设施陈旧，存在环境安全隐患。滨水新城区和产业新城区的供热基础设施还未建立。辽中县老城区没有 40t/h（29MW）及以上的大型热水锅炉房，现有中型热水锅炉房（单台锅炉容量≥ 20t/h）8 座（锅炉 12 台）、小型热水锅炉房（单台锅炉容量< 20t/h）48 座（锅炉 53 台）。

2.2.4.2　法库县供热设施建设情况

截至 2013 年，法库县建成区利用调兵山热电厂余热供热，但热网还没有实现全覆盖，有待建设。

2.2.4.3 康平县供热设施建设情况

截至 2013 年，康平县建有一座热电厂，供热覆盖建成区，乡镇尚未集中供热。

2.2.4.4 新民市供热设施建设情况

新民市城区有三个集中供热公司分三片供热，铁道南由宏宇热力供热公司提供热源，铁道北由宏达热力供热公司提供热源，经济技术开发区由辽宁省中投热力有限公司提供热源。

2.2.5 大气功能分区

根据沈阳市政府《关于同意沈阳市环境空气质量功能区管理意见的批复》（沈政〔2000〕15 号），可将沈阳市划分为三类环境空气质量功能区（总面积为 12980km^2）。其中，一类功能区为自然保护区、风景名胜区以及其他需要特殊保护的地区，执行环境空气质量一级标准。一类功能区共 10 块，总面积为 410km^2，缓冲带面积为 119.25km^2（见表 2–16）。二类功能区为居住区、商业交通居民混合区、文化区、一般工业区和农村地区，执行环境空气质量二级标准。一类、三类功能区及各类缓冲区所不包括的区域均为二类功能区，总面积为 12401.65km^2。三类功能区指特殊工业区，包括冶金、建材、化工等工业企业较为集中，生产过程排放到环境空气中的污染物种类多、数量大，且无成片居民集中生活的区域，执行环境空气质量三级标准。三类功能区共 4 块，总面积为 39.1km^2，缓冲带面积为 10km^2（见表 2–17）。

表 2–16 沈阳市环境空气质量一类功能区

单位：km^2

名称	位置	面积	缓冲带面积
辉山地区	市区东北部	115	34
陨石山地区	市区东南部	110	40

续表

名称	位置	面积	缓冲带面积
怪坡地区	新城子区清水镇	8	2
石人山保护区	新城子区马刚乡	20	3.75
石佛寺地区	新城子区石佛乡	4	1
卧龙湖地区	康平县	55	8
花古地区	康平县	4	1
泡子沿地区	法库县	5	1.5
尚屯地区	法库县	9	3
团结湖地区	新民市与辽中县交界	80	25
合计		410	119.25

注：新城子区于2006年改为沈北新区。

表2-17　沈阳市环境空气质量三类功能区

单位：km^2

名称	位置	面积	缓冲带面积
铁西工业区	铁西区	17.3	3
大东工业区	大东区	2.5	1
沈海工业区	大东区	11.3	2
陈相工业区	苏家屯区	8	4
合计		39.1	10

2.3　规划及发展状况

2.3.1　沈阳市城市总体规划

近年来，沈阳市经济飞速发展，城市建设发生了巨大的变化。《沈阳市城市总体规划（2011—2020年）》将沈阳市分为市域、中心城区两个层次。其中，市域为沈阳市行政辖区范围，包括市9个区、1个县级市和3个县，面积为12881km^2。划定市区范围为城市规划区，面积为3471km^2，规划区内实行城乡规划建设的统一管理。中心城区以四环路为基础，面积为 1545km^2。

2.3.1.1 城市发展目标

推进东北金融中心、综合性枢纽城市建设，提升城市实力，把沈阳建设成为立足东北、服务全国、面向东北亚的国家中心城市；推进生态文明建设，把沈阳建设成为人与自然和谐共生的生态宜居之都；坚持走新型工业化道路，集约发展、合理布局，把沈阳建设成为具有国际竞争力的先进装备制造业基地；加强历史文脉保护和特色风貌建设，把沈阳建设成为历史文化与现代文明交相辉映的文化名城；加快向经济开放、文化包容的东北亚国际大都市迈进。

2.3.1.2 专项规划

（1）供热工程规划。逐步淘汰小型燃煤锅炉房，规划建设大型热电厂和热源厂，形成以集中供热为主的供热格局；有条件的地区发展清洁能源和可再生能源供暖；加大供热节能力度，严格执行节能标准，减少能源消耗。中心城区形成大型热电厂供热为主、大型热源厂调峰的供热格局；对于新城，形成每个新城由 1 座大型热源厂供热、中型热源厂调峰的供热格局。

中心城区规划集中供热普及率达到 90%，综合热指标为 40W/m^2，规划 2020 年热负荷为 14600MW。中心城区范围内规划新建热电厂 5 座，扩建热电厂 1 座，共形成 13 座热电厂。其中，一环路范围内不再增加新热源，并逐步取消燃煤热源，采取现状热网与外围热源联网的方式，保障供热需求；浑南新城采取外部热源集中供热的方式，创建无烟区。

（2）燃气工程规划。规划形成以天然气为主气源、液化石油气为辅助气源的气源格局。分别从秦皇岛方向引入陕京线天然气，从大连方向引入大沈线天然气，从阜新方向引入大唐国际天然气等主气源，并预留上述 3

条长输燃气管线廊道。规划新建佟沟、于洪、沈北、法库、康平5座燃气门站，确保气源的接收。规划新建高压外环燃气管网，提高燃气设施调峰储气能力。

中心城区规划人均每日综合用气指标为0.44m^3，2020年年用气量为11.8亿m^3。中心城区范围内规划新建2座燃气门站，扩建大青、望花、八棵树3座燃气储配站，确保气源的接收和使用；完善燃气管网建设，形成高压管道输气、中压管道配气的燃气输配形式。

2.3.2 沈阳市环境保护规划

2.3.2.1 沈阳市“十二五”环境保护规划总目标

沈阳市“十二五”环境保护规划总目标为：循环经济、生态经济、低碳经济和静脉产业迅速发展，水资源、土地资源及生态资源得到有效保护和科学合理开发利用，污染物排放总量得到有效削减，环境、经济、社会协调可持续发展，人与自然和谐发展，城乡环境统筹发展，生态文明长足发展；重要生态功能区得到系统保护，生态脆弱与破坏区得到有效修复，生态环境安全得到有效保障，城市生态网络体系基本完善，生态环境建设取得成效；城乡生态环境质量和人居环境持续改善，地表水、空气、声环境质量达到环境功能保护标准，乡村环境整洁优美，城市生态景观显著提升；将沈阳市建设成为以循环经济和生态工业为特色的国家生态市，在全国具有生态工业、静脉产业、生态环境改善、政府环境管理、公众参与环境保护五大示范意义的国家环境建设样板城，生态文明、环境友好型城市，生态环境质量优良的生态宜居之都。

2.3.2.2 主要任务及对策措施

第一，优化发展，从源头控制污染物产生。

优化沈阳市经济结构和产业结构，形成以先进装备制造业为主体、战略性新兴产业为先导、传统产业优化升级的工业发展新格局。

大力发展循环经济、生态经济、低碳经济和高技术产业、第三产业、静脉产业、环保产业，推进资源综合利用、垃圾资源化利用、废物再生利用、中水回用，控制高耗能、高污染行业增长，加快淘汰落后生产能力，加快引进天然气步伐，加快形成“低消耗、低排放、高效率”的生产模式，引导不同产业通过产业链的延伸和耦合，实现资源在不同企业之间和不同产业之间的充分利用，从根本上控制污染物的产生，减少污染物增量。

第二，强化工业污染防治，减少工业污染物排放总量。

全面推行清洁生产，加大工业企业清洁生产审核力度，限期实施清洁生产改造，提高企业资源能源利用率，有效减少工业污染物的产生。强化对重点耗能企业的监测监管和跟踪指导，加强对钢铁、有色金属、煤炭、化工、建材等重点行业和企业的监管，用信息化等高新技术和先进适用技术提升传统产业，减少污染物排放。对超标排污的污染源限期整改，进行达标治理。加大监督检查执法力度，开展节能减排专项执法检查，确保减排设施正常运转。鼓励企业实施建筑节能、绿色照明、电机改造、锅炉“煤改气”等重点节能减排工程，实现工程性节能减排。

第三，发展清洁能源和强化治理，控制二氧化硫排放总量。

全面优化能源结构，大力发展清洁能源，转变能源消耗方式，开发利用新能源和可再生能源。积极开展城市污泥掺烧发电、居民生活垃圾焚烧发电，推进生物质发电、垃圾填埋沼气发电，扩大生物质成型燃料、生物燃料等生物质能的利用规模，继续稳步推进地热能和风力发电，加大太阳能开发力度，强化煤层气开发利用，逐步提高全市天然气、煤层气、电等清洁能源比例，降低清洁能源成本。出台鼓励减排设施正常运行的经济政策，有效控制全市煤炭消耗增量，减少二氧化硫、氮氧化物等空气污染物排放总量。对重点能源消耗区域和大户进行能源改造，推进使用清洁能源，如对法库县陶瓷城进行改造建设，改燃煤为燃气、改分散为集中制气。到2015年全市清洁能源使用率达到65%以上，可再生能源消费量提高到250万吨标准煤，占综合能源消费量的4%以上，风力发电装机总规模达到200万kW，年发电量达到40亿kW·h，居民生活垃圾焚烧发电、垃圾填埋沼气发电、小水电和太阳能发电等其他可再生资源发电装机达到5万kW，清洁能源、可再生能源的供热面积达到3600万m^2。

加大燃煤锅炉减排和治理力度，所有燃煤污染源必须采取脱硫除尘措施，热电厂和国家规定的大型锅炉都要采取低氮燃烧技术，对单机容量20万kW的要建设削减氮氧化物的尾部脱硝设施，并达到国家和地方政府下达的减排指标要求。严控新增燃煤项目建设，所有新、改、扩建和在用燃煤污染源，必须按环保部门的相应规定采取除尘、脱硫、脱氮等措施，污染物排放除了要达到国家或地方污染物排放标准外，还要达到污染物总量减排指标。

第四，完善污染减排法规及管理体系，使减排管理规范化。

建立和完善节能减排法律法规体系，健全污染减排工作责任制和问责制，将污染减排工作纳入各级政府绩效考评体系，由主要领导总负责，把污染减排工作目标和任务分解到部门、县区及开发区、行业和重点企业，一级抓一级，层层落实。完善污染减排工作制度和污染减排监察队伍建设，创新污染减排管理体制，不断提高节能减排技术服务水平，强化污染减排考核和监督管理水平。严格执行新建项目污染物排放总量评估和审查制度，把减少污染物排放量作为项目审批、核准的强制性要求。积极推广应用节能减排新技术、新设备，鼓励使用高效率、低能耗、低排放的节能环保型技术设备。

继续推行排污许可证制度，实行排污权交易，完善排污权交易规范和相关政策法规，进一步试行碳交易制度。

2.3.3 沈阳市城市供热规划

2.3.3.1 规划目标

（1）以热电联产、集中供热为主，优先利用现有热电厂供热能力，扩建、改建现有热电厂，规划新建热电厂发展热电联产；优先利用工业余热，提高供热设施的利用率；为适应热负荷日益增加的需要，优先规划建设热电厂和大型热源厂，热电厂建成后，大型热源厂改为调峰热源。

（2）到2015年，实现具备改造条件的建成区内自行供热的三产企业和公建项目改用天然气等清洁燃料；到2017年，实现具备改造条件的建成区内自行供热的工业企业实施天然气等清洁能源改造。

（3）建设城市大型多环状供热管网，实现多热源联合运行，互相备用、互相补充，提高供热系统的经济性和可靠性，提高热能利用率。

（4）大力推广热计量收费，将非节能建筑逐步改造为节能建筑，同时进行供热计量、供热系统节能改造。

2.3.3.2 规划期限和范围

规划期限为2013—2020年，并分为近期和远期两个规划期限，近期为2013—2015年，远期为2016—2020年。

规范范围分市域和中心区两个层次。

2.3.3.3 规划内容

（1）近期规划。规划新建大型集中供热锅炉房，单台锅炉容量要大于80t/h，总容量要达到320t/h以上，供热能力要达到400万m^2以上。工业园区、新城镇原则上只能规划建设一个区域高效热源或依托大型热电企业进行集中供热。现有规划面积在50km^2以上的工业园区和新城镇，热源单台燃煤锅炉容量不得小于 80t/h；规划面积在 $50km^2$ 以下的工业园区，热源单台燃煤锅炉容量不得小于 65t/h。在高污染燃料禁燃区（二环）内，严格控制新建、改建、扩建燃煤热源。

通过近期规划的实施，到 2015 年，沈阳市中心城区供热面积将达到 $29000 \times 10^4 m^2$，采暖热负荷为 14211MW，蒸汽负荷为 2405t/h。拆除或改造具备条件的部分单台容量在 20t/h（14MW）以下的燃煤供热锅炉房 392 座，对于非采暖用燃煤或不具备联网条件的锅炉房，全部进行天然气、电热蓄能及太阳能等清洁能源改造。沈阳市中心城区清洁能源、可再生能源的供热比例在 2012 年 12.8% 的基础上提高 0.5 个百分点，即达到 13.3%，供热面积达到 $3850 \times 10^4 m^2$。

到 2015 年，沈阳市中心城区热电联产、热源厂与清洁能源的供热面积比例调整为 36 ∶ 50.7 ∶ 13.3。

深入推进“一县（市）一热源”，各县（市）独立供热区域要制定完善本区域的供热规划，供热规划要与规划环评同步进行。到 2015 年，新民市、辽中县、康平县、法库县全部实现“一县（市）一热源”目标；列入国家 18 个新城新市镇发展规划的乡镇，基本实现“一镇一热源”目标。

（2）远期规划。远期新建热源厂厂址要选择在三环以外，并与现有大型热网联网，向三环内市区供热，逐步取消城市中心区内单台容量在 29MW 及以下的现有燃煤锅炉，以提高能源利用率及保护环境。

通过远期规划的实施，到 2020 年，沈阳市中心城区供热面积将达到 $35700 \times 10^4 m^2$，采暖热负荷为 16581MW，蒸汽负荷为 3870t/h。在 2020 年以前，逐步完成单台容量在 40t/h 以下的燃煤供热锅炉房的拆除联网工作。其中，到 2017 年，拆除或改造全部单台容量在 20t/h（14MW）以下的燃煤供热锅炉房 373 座，对于非采暖用燃煤或不具备联网条件的锅炉房，全部进行天然气、电热蓄能及太阳能等清洁能源改造；到2020年，逐步拆除或改造单台容量在40t/h（29MW）以下的燃煤供热锅炉房65座，对于非采暖用燃煤或不具备联网条件的锅炉房，全部进行天然气、电热蓄能及太阳能等清洁能源改造。到2020年，清洁能源、可再生能源的供热面积达到$5300 \times 10^4 m^2$。

到2020年，沈阳市中心城区热电联产、热源厂与清洁能源的供热面积比例调整为60.5 ∶ 24.6 ∶ 14.9。

（3）其他能源利用。

1）燃气供热。规划在城市中心区设置4座分布式天然气供能站，对部分不能联网到大型集中供热管网的分散小锅炉房进行改造，采用天然气、电力等清洁能源供热。

规划到2015年，沈阳市区金廊沿线及具备条件的星级酒店、大型商场、三甲以上医院、高档写字楼等公共建筑均采用天然气楼宇机组进行热、电、冷联供，或采用电力、地热等清洁能源供热。

规划在天然气管网覆盖范围内的所有新建工业企业和三产行业必须使用天然气、电力或其他清洁能源。到2015年，法库县陶瓷园及其他具备用气条件的工业园区企业全部完成清洁能源替代工作。到2017年，不能联网到热电联产企业的现有具备条件的工业企业一律使用天然气、电力或地热等清洁能源供热。

2）其他清洁能源供热。

①沈阳市建成投产和规划建设的污水处理厂有多座，每天生产大量的中水，一般中水温度在12℃左右，可以采用地源热泵机组利用其热能。

②沈阳市现有大中小型热电厂9座，大多数采用抽凝式供热机组，可以采用热泵机组将电厂的循环冷却水的低品位能转换成高品位能进行供热。

规划建设的热电厂还有 7 座，可以充分利用其凝汽部分的热量来供热。

③采用分布式地源热泵与集中供热联合供热。一是利用土壤源地源热泵系统；二是采用小区中水回用系统中的中水地源热泵系统；三是采用地下水地源热泵系统。

④大胆探索和应用深层地热资源。

3）可再生能源供热。限定在三环以外区域推进生物质能源的使用，在天然气未覆盖地区，推广生物质秸秆制气在工业领域窑炉的使用，推广生物质燃料替代燃煤的锅炉改造。

3 环境空气质量及保护状况

3.1 环境空气质量状况

三县一市环境空气质量情况主要来源于三县一市“十一五”环境质量报告书及2011—2013年环境质量报告书。另外，针对本次研究的重点监测项目PM10和PM2.5，在区域内又分别设置三个采样点进行监测，作为三县一市环境空气质量的评价依据。

3.1.1 新民市环境空气质量状况

2006—2013年新民市环境空气质量监测结果如表3-1所示。

2006—2013年新民市环境空气中主要污染物及降尘浓度变化趋势分别如图3-1、图3-2所示。

表3-1 2006—2013年新民市环境空气质量监测结果

年份	监测项目	PM10（mg/m^3）	SO_2（mg/m^3）	NO_2（mg/m^3）	降尘（t/km^2·月）
2006	年均值	0.290	0.033	0.022	18.34
	超标倍数（倍）	3.14			1.29
2007	年均值	0.147	0.033	0.022	15.85
	超标倍数（倍）	1.1			0.98

续表

年份	监测项目	PM10（mg/m^3）	SO_2（mg/m^3）	NO_2（mg/m^3）	降尘（t/km^2·月）
2008	年均值	0.146	0.035	0.024	10.92
	超标倍数（倍）	1.09			0.37
2009	年均值	0.152	0.038	0.024	9.17
	超标倍数（倍）	1.17			0.15
2010	年均值	0.123	0.034	0.023	9.14
	超标倍数（倍）	0.76			0.14
2011	年均值	0.128	0.036	0.020	8.64
	超标倍数（倍）	0.83			0.08
2012	年均值	0.094	0.037	0.024	9.57
	超标倍数（倍）	0.34			0.20
2013	年均值	0.098	0.038	0.028	7.21
	超标倍数（倍）	0.40			
执行标准（GB3095-2012）		0.07	0.06	0.04	8

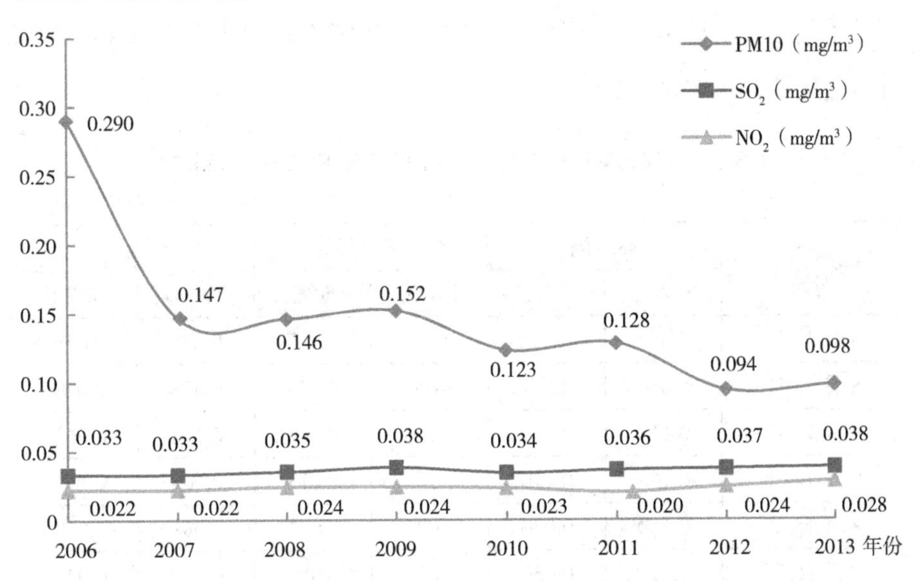

图 3-1　2006—2013 年新民市环境空气中主要污染物浓度变化趋势

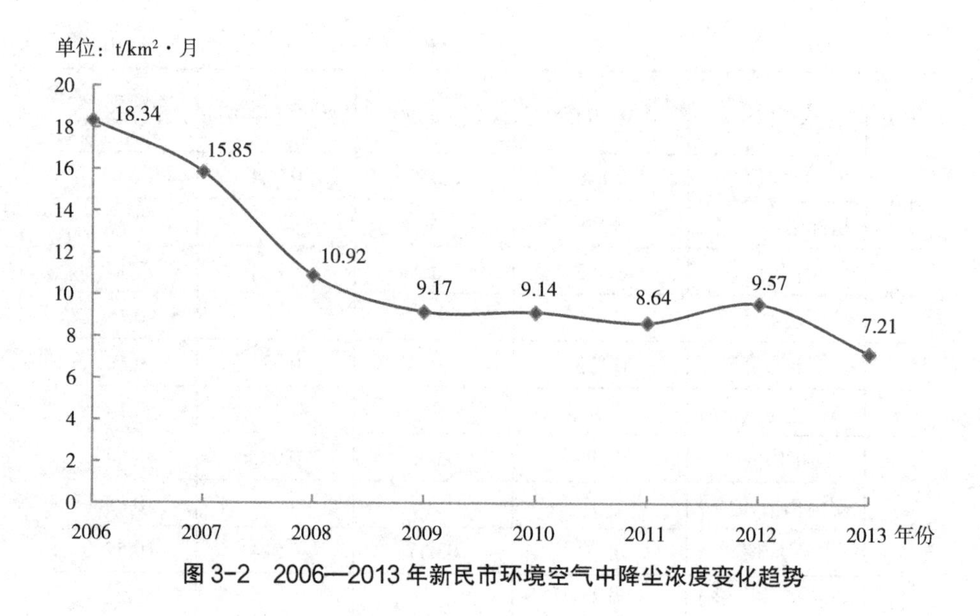

图 3-2　2006—2013 年新民市环境空气中降尘浓度变化趋势

本研究为了解新民市环境空气颗粒物的现状，设置了三个具有代表性的监测点。2014 年 8 月 11 日—17 日，沈阳恒源伟业环境检测服务有限公司对三个监测点进行了 PM10 和 PM2.5 采样监测，结果如表 3-2 所示。监测结果显示，新民市三个监测点的 PM10 和 PM2.5 日均值均达到《环境空气质量标准》(GB3095-2012)。

表 3-2　新民市环境空气颗粒物（PM10 和 PM2.5）监测结果

单位：mg/m³

监测时间	环卫局		辽滨办事处		市人大	
	PM10	PM2.5	PM10	PM2.5	PM10	PM2.5
8 月 11 日	0.093	0.027	0.055	0.027	0.075	0.036
8 月 12 日	0.078	0.017	0.051	0.023	0.093	0.040
8 月 13 日	0.114	0.060	0.106	0.058	0.114	0.062
8 月 14 日	0.163	0.116	0.159	0.113	0.165	0.111
8 月 15 日	0.108	0.046	0.073	0.054	0.081	0.058
8 月 16 日	0.113	0.050	0.097	0.052	0.120	0.071
8 月 17 日	0.126	0.059	0.120	0.070	0.118	0.065

续表

监测时间	环卫局		辽滨办事处		市人大	
	PM10	PM2.5	PM10	PM2.5	PM10	PM2.5
日均值	0.114	0.054	0.094	0.057	0.109	0.063
日均值超标倍数	未超标	未超标	未超标	未超标	未超标	未超标
执行标准（GB3095-2012）	0.15	0.075	0.15	0.075	0.15	0.075

3.1.2 辽中县环境空气质量状况

2006—2013 年辽中县环境空气质量监测结果如表 3-3 所示。

2006—2013 年辽中县环境空气中主要污染物及降尘浓度变化趋势分别如图 3-3、图 3-4 所示。

表 3-3 2006—2013 年辽中县环境空气质量监测结果

年份	监测项目	PM10（mg/m^3）	SO_2（mg/m^3）	NO_2（mg/m^3）	降尘（t/km^2·月）
2006	年均值	0.147	0.034	0.021	15.22
	超标倍数（倍）	1.10			0.90
2007	年均值	0.134	0.010	0.021	14.41
	超标倍数（倍）	0.91			0.80
2008	年均值	0.133	0.031	0.021	12.78
	超标倍数（倍）	0.90			0.60
2009	年均值	0.110	0.031	0.021	11.67
	超标倍数（倍）	0.57			0.46
2010	年均值	0.108	0.031	0.020	10.80
	超标倍数（倍）	0.54			0.35
2011	年均值	0.107	0.037	0.020	10.95
	超标倍数（倍）	0.53			0.37
2012	年均值	0.085	0.037	0.033	11.47
	超标倍数（倍）	0.21			0.43

续表

年份	监测项目	PM10（mg/m³）	SO_2（mg/m³）	NO_2（mg/m³）	降尘（t/km²·月）
2013	年均值	0.080	0.054	0.037	11.50
	超标倍数（倍）	0.14			0.44
执行标准（GB3095–2012）		0.07	0.06	0.04	8

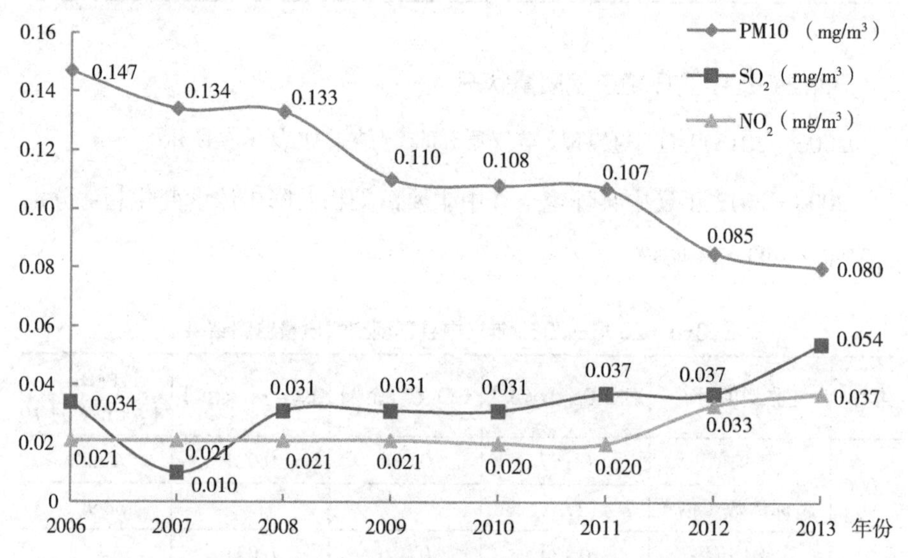

图 3-3　2006—2013 年辽中县环境空气中主要污染物浓度变化趋势

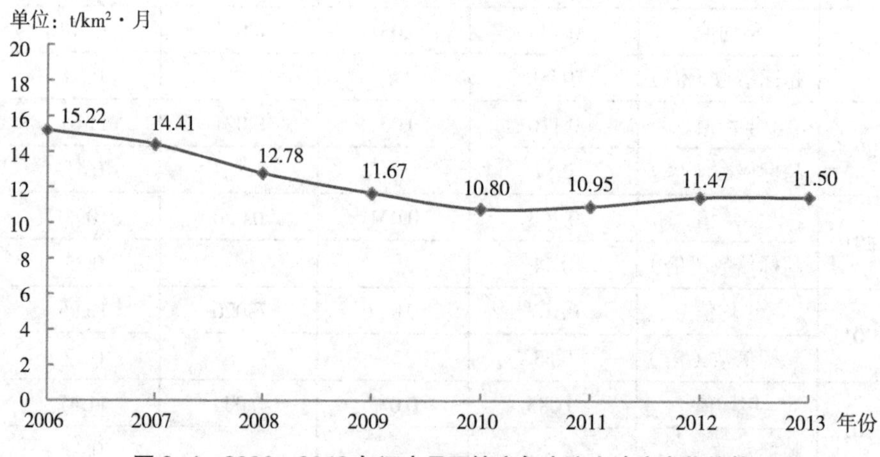

图 3-4　2006—2013 年辽中县环境空气中降尘浓度变化趋势

本研究为了解辽中县环境空气颗粒物的现状，设置了三个具有代表性的监测点。2014 年 8 月 16 日—22 日，沈阳恒源伟业环境检测服务有限公司对三个监测点进行了 PM10 和 PM2.5 采样监测，结果如表 3-4 所示。监测结果显示，辽中县三个监测点的 PM10 和 PM2.5 日均值均超标，PM10 日均值超标倍数为 0.25~0.56，PM2.5 日均值超标倍数为 0.65~1.04。

表 3-4 辽中县环境空气颗粒物（PM10 和 PM2.5）监测结果

单位：mg/m^3

监测时间	国税局		文华宾馆		育才小学	
	PM10	PM2.5	PM10	PM2.5	PM10	PM2.5
8 月 16 日	0.219	0.164	0.201	0.151	0.205	0.150
8 月 17 日	0.252	0.144	0.221	0.105	0.182	0.142
8 月 18 日	0.194	0.158	0.238	0.188	0.217	0.175
8 月 19 日	0.290	0.120	0.146	0.123	0.154	0.132
8 月 20 日	0.296	0.163	0.194	0.122	0.229	0.204
8 月 21 日	0.204	0.167	0.156	0.092	0.191	0.128
8 月 22 日	0.182	0.087	0.150	0.090	0.203	0.142
日均值	0.234	0.143	0.187	0.124	0.197	0.153
日均值超标倍数	0.56	0.91	0.25	0.65	0.31	1.04
执行标准（GB3095-2012）	0.15	0.075	0.15	0.075	0.15	0.075

3.1.3 法库县环境空气质量状况

2006—2013 年法库县环境空气质量监测结果如表 3-5 所示。

2006—2013 年法库县环境空气中主要污染物及降尘浓度变化趋势分别如图 3-5、图 3-6 所示。

表 3-5 2006—2013 年法库县环境空气质量监测结果

年份	监测项目	PM10（mg/m³）	SO_2（mg/m³）	NO_2（mg/m³）	降尘（t/km²·月）
2006	年均值	0.092	0.037	0.012	8.16
	超标倍数（倍）	0.31			0.02
2007	年均值	0.095	0.039	0.017	8.28
	超标倍数（倍）	0.36			0.04
2008	年均值	0.098	0.039	0.018	8.21
	超标倍数（倍）	0.40			0.03
2009	年均值	0.101	0.041	0.020	8.46
	超标倍数（倍）	0.44			0.06
2010	年均值	0.095	0.039	0.019	8.54
	超标倍数（倍）	0.36			0.07
2011	年均值	0.105	0.038	0.021	8.61
	超标倍数（倍）	0.50			0.08
2012	年均值	0.087	0.039	0.022	8.01
	超标倍数（倍）	0.24			0.001
2013	年均值	0.076	0.040	0.021	7.81
	超标倍数（倍）	0.09			
执行标准（GB3095-2012）		0.07	0.06	0.04	8

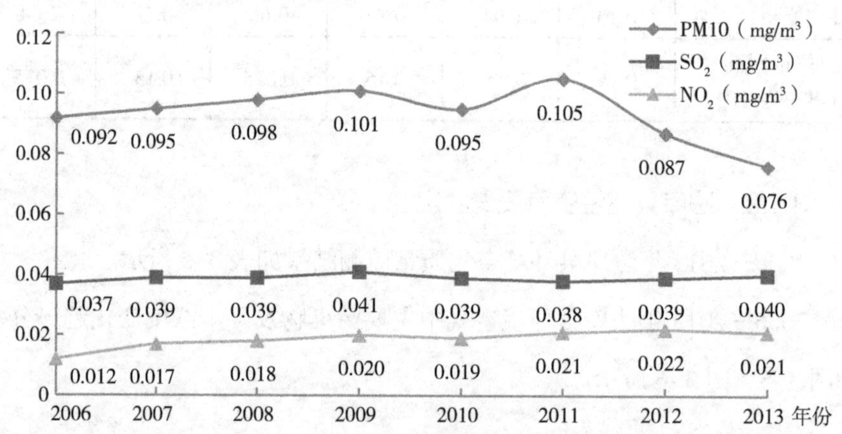

图 3-5 2006—2013 年法库县环境空气中主要污染物浓度变化趋势

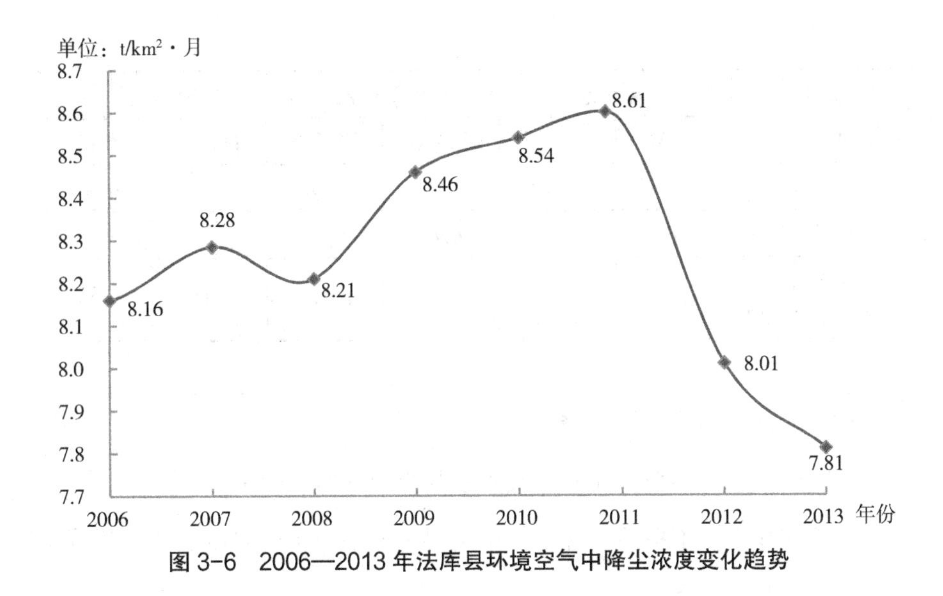

图 3-6 2006—2013 年法库县环境空气中降尘浓度变化趋势

本研究为了解法库县环境空气颗粒物的现状，设置了三个具有代表性的监测点。2014 年 8 月 27 日—9 月 2 日，沈阳恒源伟业环境检测服务有限公司对三个监测点进行了 PM10 和 PM2.5 采样监测，结果如表 3-6 所示。监测结果显示，法库县三个监测点的 PM10 和 PM2.5 日均值均超标，PM10 日均值超标倍数为 0.09~0.45，PM2.5 日均值超标倍数为 0.05~0.28。

表 3-6 法库县环境空气颗粒物（PM10 和 PM2.5）监测结果

单位：mg/m³

监测时间	县政府		陶瓷科技		交警大队	
	PM10	PM2.5	PM10	PM2.5	PM10	PM2.5
8 月 27 日	0.180	0.112	0.237	0.120	0.199	0.113
8 月 28 日	0.112	0.058	0.180	0.078	0.135	0.062
8 月 29 日	0.094	0.038	0.165	0.059	0.109	0.041
8 月 30 日	0.327	0.133	0.366	0.155	0.363	0.146
8 月 31 日	0.145	0.079	0.192	0.095	0.169	0.088
9 月 1 日	0.150	0.070	0.181	0.083	0.160	0.079
9 月 2 日	0.142	0.063	0.195	0.080	0.156	0.073

续表

监测时间	县政府		陶瓷科技		交警大队	
	PM10	PM2.5	PM10	PM2.5	PM10	PM2.5
日均值	0.164	0.079	0.217	0.096	0.184	0.086
日均值超标倍数	0.09	0.05	0.45	0.28	0.23	0.15
执行标准（GB3095-2012）	0.15	0.075	0.15	0.075	0.15	0.075

3.1.4 康平县环境空气质量状况

2006—2013 年康平县环境空气质量监测结果如表 3-7 所示。

2006—2013 年康平县环境空气中主要污染物及降尘浓度变化趋势分别如图 3-7、图 3-8 所示。

表 3-7 2006—2013 年康平县环境空气质量监测结果

年份	监测项目	PM10（mg/m³）	SO_2（mg/m³）	NO_2（mg/m³）	降尘（t/km²·月）
2006	年均值	0.125	0.047	0.035	18.3
	超标倍数（倍）	0.79			1.29
2007	年均值	0.115	0.046	0.032	12.3
	超标倍数（倍）	0.64			0.54
2008	年均值	0.118	0.048	0.033	10.9
	超标倍数（倍）	0.69			0.36
2009	年均值	0.117	0.050	0.035	11.1
	超标倍数（倍）	0.67			0.39
2010	年均值	0.120	0.055	0.034	11.4
	超标倍数（倍）	0.71			0.43
2011	年均值	0.105	0.043	0.031	8.2
	超标倍数（倍）	0.50			0.03
2012	年均值	0.083	0.042	0.030	7.2
	超标倍数（倍）	0.19			

续表

年份	监测项目	PM10（mg/m^3）	SO_2（mg/m^3）	NO_2（mg/m^3）	降尘（t/km^2·月）
2013	年均值	0.081	0.046	0.033	7.6
	超标倍数（倍）	0.16			
执行标准（GB3095-2012）		0.07	0.06	0.04	8

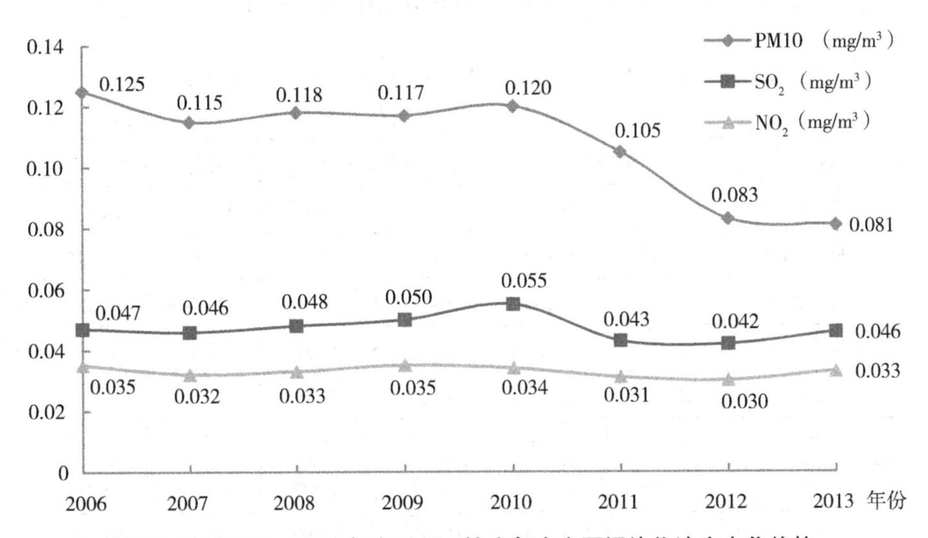

图 3-7　2006—2013 年康平县环境空气中主要污染物浓度变化趋势

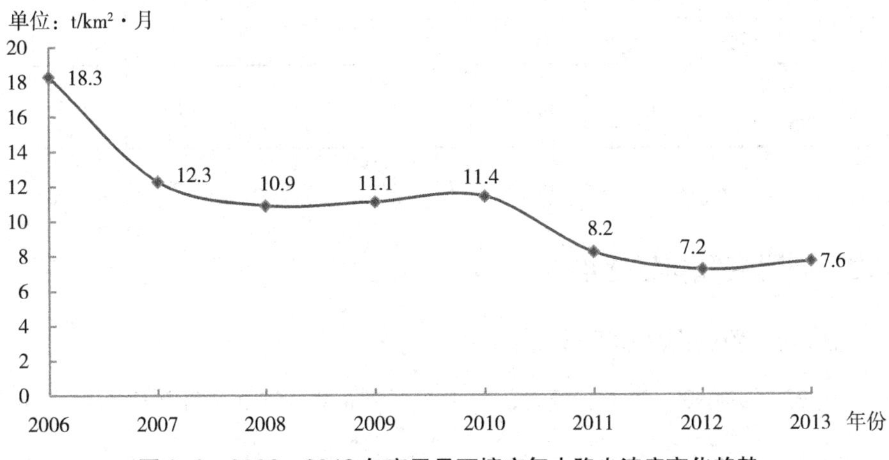

图 3-8　2006—2013 年康平县环境空气中降尘浓度变化趋势

本研究为了解康平县环境空气颗粒物的现状，设置了三个具有代表性的监测点。2014 年 8 月 21 日—8 月 28 日，沈阳恒源伟业环境检测服务有限公司对三个监测点进行了 PM10 和 PM2.5 采样监测，结果如表 3-8 所示。监测结果显示，在三个监测点中，城建局的 PM10 和 PM2.5 日均值均超标，超标倍数分别为 0.05 和 0.09；中医院的 PM10 日均值未超标，PM2.5 日均值超标倍数为 0.04；九年一贯制小学的 PM10 和 PM2.5 日均值均未超标。

表 3-8 康平县环境空气颗粒物（PM10 和 PM2.5）监测结果

单位：mg/m^3

监测时间	城建局		中医院		九年一贯制小学	
	PM10	PM2.5	PM10	PM2.5	PM10	PM2.5
8 月 21 日	0.190	0.136	0.180	0.121	0.196	0.116
8 月 22 日	0.178	0.094	0.183	0.090	0.170	0.087
8 月 23 日	0.230	0.125	0.217	0.130	0.217	0.118
8 月 24 日	0.095	0.062	0.106	0.064	0.087	0.048
8 月 26 日	0.138	0.046	0.103	0.045	0.109	0.041
8 月 27 日	0.128	0.050	0.111	0.047	0.120	0.053
8 月 28 日	0.139	0.063	0.120	0.050	0.135	0.060
日均值	0.157	0.082	0.146	0.078	0.148	0.075
日均值超标倍数	0.05	0.09		0.04		
执行标准（GB3095-2012）	0.15	0.075	0.15	0.075	0.15	0.075

3.2 环境空气质量评价[①]

3.2.1 新民市环境空气质量评价

由表 3-9 可知，2013 年新民市环境空气质量总体处于轻污染水平。由

① 本节环境空气质量相关资料来源于三县一市“十一五”环境质量报告书及 2011—2013 年环境质量报告书。

图 3-9 可知，2013 年新民市环境空气中降尘污染负荷最大，占污染总负荷的 37%；其次为 PM10，占 28%；SO_2、NO_2 分别占 19%、16%。

表 3-9　2013 年新民市环境空气质量综合指数

项目类别		P_{PM10}	P_{SO_2}	P_{NO_2}	ΣP_i	$\Sigma P_{i/k}$	P_{imax}	I	污染程度
功能区	居民区	0.95	0.63	0.60	2.18	0.73	0.95	0.83	轻污染
	交通区	0.94	0.60	0.60	2.14	0.71	0.94	0.82	轻污染
季节	春	0.85	0.48	0.60	1.93	0.64	0.85	0.74	轻污染
	夏	0.78	0.18	0.45	1.41	0.47	0.78	0.61	轻污染
	秋	1.10	0.33	0.70	2.13	0.71	1.10	0.88	轻污染
	冬	1.05	1.47	0.65	3.17	1.06	1.05	1.05	中度污染
全年		0.94	0.62	0.60	2.16	0.72	0.94	0.82	轻污染

注：P_{PM10}、P_{SO_2}、P_{NO_2} 为单项指数，ΣP_i 为指数之和，$\Sigma P_{i/k}$ 为平均指数，P_{imax} 为最大指数，I 为综合指数。

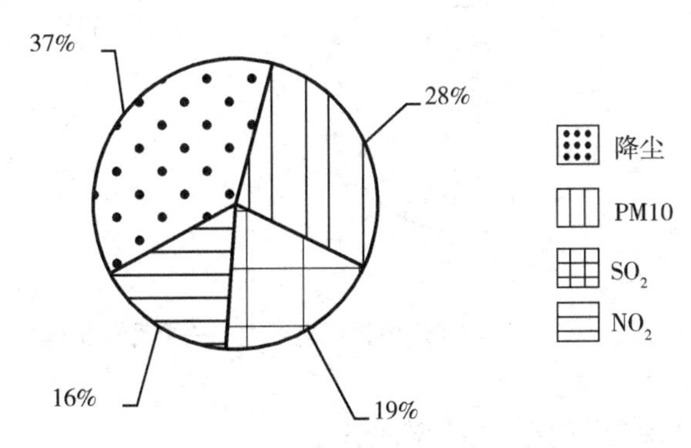

图 3-9　2013 年新民市环境空气中主要污染负荷

3.2.2　辽中县环境空气质量评价

由表 3-10 可知，2013 年辽中县环境空气质量总体处于轻污染水平。时间污染特征是冬 > 秋 > 春 > 夏，冬季属中度污染，春季和秋季属轻污染，夏季属清洁。空间污染特征是交通区 > 居民区。

由图 3-10 可知，2013 年辽中县环境空气中降尘污染负荷最大，占污染总负荷的 40%；其次是 SO_2、PM10 和 NO_2，分别占 25%、22% 和 13%。

表 3-10　2013 年辽中县环境空气质量综合指数

项目类别		P_{PM10}	P_{SO_2}	P_{NO_2}	$\sum P_i$	$\sum P_{i/k}$	P_{imax}	I	污染程度
功能区	居民区	0.75	0.83	0.50	2.08	0.69	0.83	0.76	轻污染
	交通区	0.85	0.97	0.43	2.25	0.75	0.97	0.85	轻污染
季节	春	0.71	0.52	0.35	1.58	0.53	0.71	0.61	轻污染
	夏	0.41	0.25	0.35	1.01	0.34	0.41	0.37	清洁
	秋	0.99	0.95	0.49	2.43	0.81	0.99	0.90	轻污染
	冬	1.09	1.87	0.66	3.62	1.21	1.87	1.50	中度污染
全年		0.80	0.90	0.46	2.16	0.72	0.90	0.81	轻污染

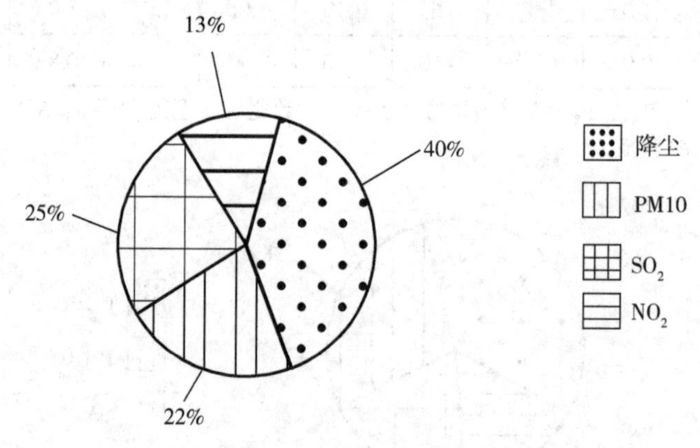

图 3-10　2013 年辽中县环境空气中主要污染负荷

3.2.3　法库县环境空气质量评价

由表 3-11 可知，2013 年法库县环境空气质量处于轻污染水平。按功能区评价，居民区综合指数为 0.86，属于轻污染；交通区综合指数为 0.91，也属于轻污染。按季节评价，春、夏、秋、冬综合指数分别为 0.87、0.88、0.89、0.88，均属于轻污染。

由图 3-11 可知，2013 年法库县主要污染物为 PM10，占污染总负荷的 33%；其次为降尘，占污染总负荷的 30%；SO_2 占 21%；NO_2 占 16%。

表 3-11　2013 年法库县环境空气质量综合指数

项目类别		P_{PM10}	P_{SO_2}	P_{NO_2}	ΣP_i	$\Sigma P_{i/k}$	P_{imax}	I	污染程度
功能区	居民区	1.02	0.65	0.48	2.15	0.72	1.02	0.86	轻污染
	交通区	1.08	0.63	0.58	2.29	0.76	1.08	0.91	轻污染
季节	春	1.03	0.62	0.53	2.18	0.73	1.03	0.87	轻污染
	夏	1.04	0.65	0.55	2.24	0.75	1.04	0.88	轻污染
	秋	1.05	0.65	0.55	2.25	0.75	1.05	0.89	轻污染
	冬	1.06	0.67	0.45	2.18	0.73	1.06	0.88	轻污染
全年		1.05	1.05	0.65	2.75	0.92	1.05	1.05	轻污染

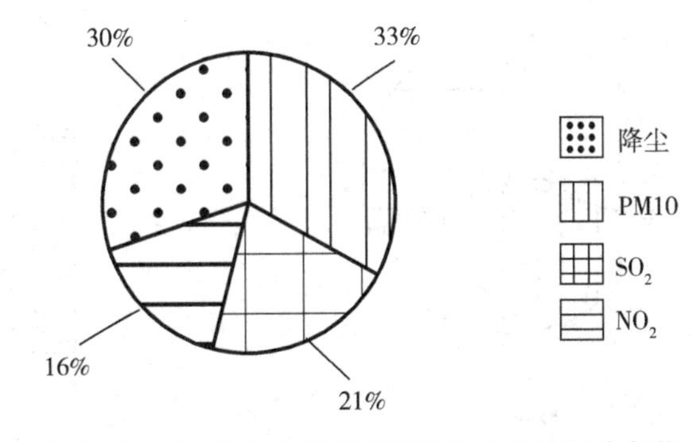

图 3-11　2013 年法库县环境空气中主要污染负荷

3.2.4　康平县环境空气质量评价

由表 3-12 可知，2013 年康平县环境空气质量总体处于轻污染水平。从功能区看，居民区、交通区综合指数分别为 0.81 和 0.79，均属于轻污染。从季节看，一年中夏季空气质量较好，春季和秋季为轻污染水平，冬季为中度污染水平，各季节综合指数从大到小排序为：冬季、春季、秋季、夏季。

由图 3-12 可知，2013 年康平县主要污染物为 PM10，占污染总负荷的 41%；其次为 NO_2，占污染总负荷的 30%；SO_2 占 25%；降尘占 4%。

表 3-12　2013 年康平县环境空气质量综合指数

项目类别		P_{PM10}	P_{SO_2}	P_{NO_2}	$\sum P_i$	$\sum P_{i/k}$	P_{imax}	I	污染程度
功能区	居民区	1.04	0.70	0.81	2.55	0.85	1.04	0.81	轻污染
	交通区	1.00	0.68	0.74	2.42	0.81	1.00	0.79	轻污染
季节	春	1.01	0.53	0.88	2.42	0.81	1.01	0.87	轻污染
	夏	0.85	0.44	0.62	1.91	0.64	0.85	0.55	清洁
	秋	0.87	0.55	0.80	2.22	0.74	0.87	0.75	轻污染
	冬	1.29	1.26	0.95	3.50	1.17	1.29	1.34	中度污染
全年		1.05	0.62	0.75	2.42	0.81	1.05	0.80	轻污染

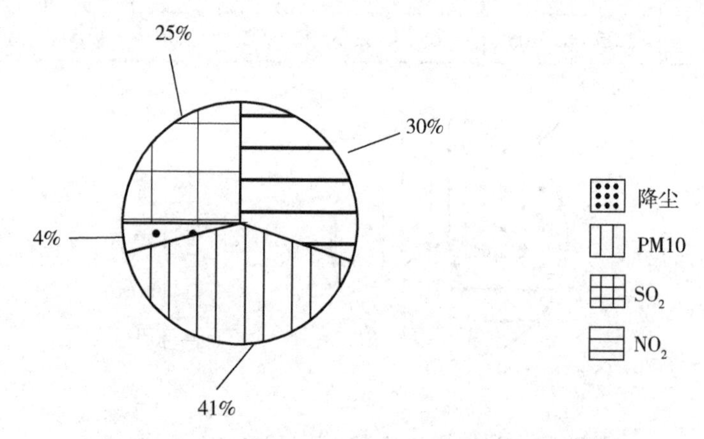

图 3-12　2013 年康平县环境空气中主要污染负荷

3.3　环境空气污染特征及原因分析

3.3.1　新民市环境空气污染特征及原因分析

新民市环境空气中的主要污染物是降尘和 PM10。新民市位于辽河平原中部，地势平坦，属中温带大陆性季风气候，柳河、绕阳河将大量粉砂从内蒙古科尔沁沙地输送至此，经过风力搬运，在新民市城区周围地面覆盖了一层粉砂。粉砂蓄水性差，易干燥，极易被风扬起，是降尘和 PM10 生成的主要原因。

3.3.2 辽中县环境空气污染特征及原因分析

3.3.2.1 环境空气污染特征

（1）环境空气质量稳定中略有改善。2013年，辽中县环境空气质量处于轻污染水平。2013年，PM10年均值为0.080mg/m^3，达到国家二级标准；SO_2年均值为0.054mg/m^3，达到国家二级标准；NO_2年均值为0.037mg/m^3，达到国家一级标准；降尘年均值为11.50t/km^2·月，超过辽宁省标准0.4倍。

（2）仍然呈现明显的时间、空间污染特征。2013年，辽中县环境空气质量时间污染特征是冬>秋>春>夏，冬季属中度污染，春季和秋季属轻污染，夏季属清洁；空间污染特征是交通区>居民区，均属轻污染。

（3）降尘污染负荷依然最大。2013年，辽中县降尘污染负荷最大，占污染总负荷的40%；其次是SO_2，占污染总负荷的25%。

3.3.2.2 环境空气污染原因分析

影响环境空气质量的主要因素是大气污染物排放和气象因素，其中，大气污染物包括燃煤污染物、工业粉尘、机动车尾气等，气象因素有逆温天气、大风天气等，各种因素的污染成因、影响范围和控制时段各有特点。

（1）燃煤型污染。辽中县能源以煤为主，采暖锅炉和民用生活炉灶需要耗用大量的煤炭，特别是在冬季采暖期，燃煤污染物是空气中PM10、SO_2的主要来源。

（2）风沙扬尘天气。辽中县春季盛行西南大风，加之表层土壤解冻，失水严重，土质疏松，没有植被覆盖，导致春季降尘污染重。

3.3.3 法库县环境空气污染特征及原因分析

2013年，法库县环境空气质量达到了《环境空气质量标准》（GB3095-2012）二级标准，主要原因是该县进行了生态县建设，开展了节能减排工作，加强了环境执法力度。但是PM10存在超标现象，这与法库县能源结构、污染物排放状况及地理位置、气象条件等因素有密切关系。

3.3.3.1 地理位置、气象条件对环境空气的影响

法库县处于辽北地区，城镇在一个盆地位置，污染物不易扩散。春、冬两季降雪次数少，影响净化空气的效果。

3.3.3.2 能源消耗对环境空气的影响

法库县能源结构以煤为主，冬季空气污染仍属于煤烟型污染。虽然集中供热工程的实施减少了燃煤污染物的排放，但仍有部分居民采用传统取暖方式。在工业区、居民区和清洁区点位附近有大面积的平房区，民用灶低空排放对环境空气的污染较大，在各个功能区都有商业门店和低矮土楼，各个小烟囱的排放对环境空气的污染也较大。法库县的采暖期长达5个月，采暖用煤大都未经洗选直接燃烧，未联片采暖单位的燃烧设备多数效率低，除尘设施不健全，这是PM10超标的主要原因。

3.3.3.3 陶瓷企业对法库县环境空气的影响

工业开发区位于法库县城西南方，园区内主要为陶瓷企业，生产各种陶瓷产品，生产原材料在运输、堆放和废料处理中产生的扬尘及在生产过程中产生的废气，对工业开发区和法库县的环境空气造成一定影响。

3.3.4 康平县环境空气污染特征及原因分析

2013年，康平县环境空气质量处于轻污染水平，环境空气污染属于煤烟型污染。采暖期污染重于非采暖期，冬季污染较重。康平县环境空气污染与能源结构、气象条件、地理位置等因素密切相关。

3.3.4.1 能源结构的影响

康平县能源以煤炭、秸秆为主，燃烧设备热效率低，现有除尘设备基

本老化，只对大颗粒有效，除尘效率低。各种排放源的排放高度低，导致低空面源空气污染较重。

3.3.4.2 气象条件的影响

康平县冬季采暖期长达5个月，燃煤量大量增加，加之大气逆温频率高，强度大，不利于污染物扩散，致使冬季污染比较严重。春、秋季节降水量少，气候干燥，风沙大，易形成二次扬尘污染。

3.3.4.3 地理位置的影响

康平县地处内蒙古科尔沁沙地东南缘，受其影响，当地风沙较大，降水量少，特别是在植物非生长季节，由于裸露地面较多，随风就地起沙、起尘现象颇为严重，因此康平县春、秋季节降尘量大。

3.3.4.4 机动车尾气的影响

随着康平县机动车保有量不断增加，机动车尾气污染呈上升趋势。

3.4 环境空气污染控制措施

3.4.1 技术措施

3.4.1.1 确保燃烧设备及配套净化设施完好

对各有关单位特别是供暖锅炉房的燃烧设备、脱硫除尘设施及污染源在线监控装置进行彻底检查，确保设施完好，无破损及带病现象，脱硫药剂准备充足，在线监控装置灵敏准确。各燃烧设施使用单位要有规范的操作运行制度，司炉工必须持证上岗。

3.4.1.2 整治锅炉冒黑烟现象

以大气监测点位周围、城市出入口、重点街路、高速公路、铁路沿线两侧等敏感区域和重点排污大户的锅炉为重点，统筹开展采暖期环保执法检查行动，强化大气污染源监管，整治违法排污行为，确保整个采暖期达标排放，消灭冒黑烟现象。

3.4.1.3 取缔燃煤小炉灶

取缔建成区内企事业单位、经营业户和个人使用的燃煤小炉灶，改用电、气、油等清洁燃料。重点对沿街商亭、门市及马路市场的燃煤小炉灶进行取缔，防止小烟囱冒黑烟现象发生。禁止将清扫的树叶、枯草等垃圾在街路两侧焚烧，维护城市环境形象。

3.4.1.4 防治冬季扬尘污染

对易生尘物料特别是煤、灰（渣）堆采取“绿色覆盖”、密闭存放等抑尘措施，对燃煤锅炉除尘器下灰实施密闭收集或湿式除灰。所有运输煤炭、灰渣等易生尘和遗撒物料的车辆，必须加装密闭装置或采取其他有效抑尘措施。推行街路低尘清扫作业方式，做好有条件街路的机械化吸尘式扫保。工地的建筑土方、工程渣土、建筑垃圾要做好清运，在场地内堆存的应当采取有效的防尘遮盖措施。

3.4.1.5 监管机动车辆尾气排放

督促做好载货车、长途客运汽车和公交车入冬前的保养维修工作，对存在排放超标隐患的车辆，要按照大气污染防治要求和国家有关技术规范进行维修，使在用机动车达到规定的污染物排放标准，防止超标排放和冒黑烟情况发生。

3.4.2 管理措施

3.4.2.1 强化领导，落实责任

三县一市环保局应成立以局长为组长的大气环境专项整治领导小组，负责县（市）大气环境专项整治的领导工作，并将有关责任分解到各相关科室。各相关科室要按责任分工，实行包片、定点监控，并将整治任务分解到各责任人，形成责任体系，确保专项整治各项措施得到落实。

3.4.2.2 强化监督，健全考核

强化对专项整治行动的监督。县（市）环保局对各责任科室和责任人的工作成果进行考核。

3.4.2.3 强化执法，违法必究

专项整治行动在执法力度上要有所突破，探索解决执法难点的有效手段。对发现的违法行为从严查处，发现一家处罚一家，增强环保执法的威慑力，保证整治行动的效果。

3.4.2.4 “三监”联动，强化管理

实行大气环境监督管理、环境监测及监察执法三部门联动机制，环境监测部门做出趋势分析，环境监督管理部门制定相应措施，环境监察部门配合开展执法检查。做到监测与管理相结合，预警及执法查处相结合，增强管理的针对性和时效性。

3.4.3 应急措施

环保部门通过加强与气象部门的合作，建立重污染天气监测预警体系，做好重污染天气过程的趋势分析，完善会商研判机制，提高监测预警的准确度，及时发布监测预警信息。加紧制定和完善应对重污染天气的预案并向社会公布，落实责任主体，明确应急组织机构及其职责、预警预报及响应措施、应急处置及保障措施等内容，按不同的污染等级确定相应的应对措施。另外，定期开展重污染天气应急演练。

4 空气污染源及其污染解析

4.1 大气颗粒物来源解析技术

大气颗粒物来源解析技术主要包括源清单法、源模型法和受体模型法（见图 4–1）。

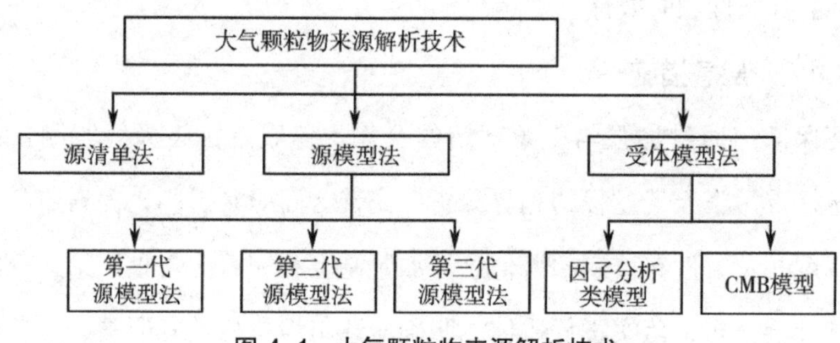

图 4–1 大气颗粒物来源解析技术

4.1.1 源清单法

源清单法的技术流程（见图 4–2）具体如下。

（1）颗粒物排放源分类。按照环境管理需求对颗粒物排放源进行分类，一般可分为固定燃烧源、生物质燃烧源、工业工艺过程源、移动源及其他源。其中，固定燃烧源涉及电力、工业和民用等，包括煤炭、柴油、煤油、燃料油、液化石油气、煤气、天然气等燃料类型。工业工艺过程源涉及冶金、建材、化工等行业。

（2）建立颗粒物排放源清单。调查各类颗粒物排放源的排放特征（包括位置、排放高度、燃料消耗、工况、控制措施等），根据排放因子和活动水平确定颗粒物排放源的排放量，建立颗粒物排放源清单。颗粒物排放因子应通过实测或文献调研获取，可参考《工业污染物产生和排放系数手册》及常用的国内实测排放因子数据。

（3）定性或定量识别主要颗粒物排放源。根据颗粒物排放源清单，统计颗粒物排放总量及各区域、各行业、各类颗粒物排放量，计算重点排放区域、重点排放源对当地颗粒物排放总量的分担率。

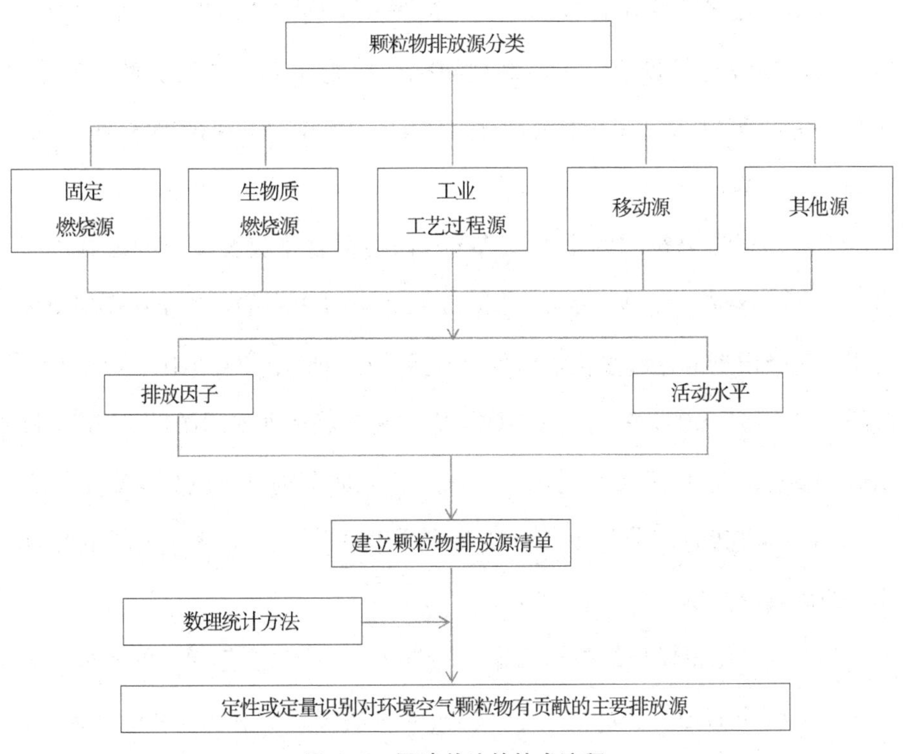

图 4-2　源清单法的技术流程

4.1.2 源模型法

源模型法的技术流程（见图 4-3）具体如下。

（1）选择空气质量模型。利用源模型法进行来源解析时，应根据模型的适用范围、对模型参数的要求及环境管理的需求合理选择空气质量模型。建议依据拟进行源解析的地域范围选择适合的空气质量模型，小尺度采用简易模型，城市和区域尺度采用复杂模型。简易模型模拟的物理过程较为简单，仅可粗略模拟一次污染源所排放颗粒物的扩散和干湿沉降，建议采用《环境影响评价技术导则 大气环境》（HJ2.2-2008）推荐的模型，包括 AERMOD、ADMS、CALPUFF。复杂模型为第三代空气质量模型，在各污染源排放量（或排放强度）确定的前提下，此类模型包含了污染源追踪模块，可较好地模拟颗粒物在大气中的扩散、生成、转化、清除等过程，代表性模型有 Models-3/CMAQ、NAQPMS、CAMx、WRF-chem 等。

（2）建立高分辨率的排放源清单。简易模型排放源清单的编制参照《环境影响评价技术导则 大气环境》（HJ2.2-2008）中的空气质量模型使用说明。复杂模型应建立多化学组分（包括 SO_2、NO_x、CO、NH_3、EC、OC、PM10、PM2.5、VOCs 等，其中 VOCs 依据复杂模型所采用的化学反应机制进行物种分配）、高空间分辨率（水平方向嵌套网格内层分辨率不低于 3km × 3km）、高时间分辨率（反映各类排放源季、月、日、小时变化规律）的排放源清单。

（3）空气质量模型的模拟计算。根据所选定空气质量模型的要求，输入相应分辨率的地形高度、下垫面特征及环境参数。利用 MM5、WRF 等气象模式为空气质量模型系统提供三维气象要素场（水平方向嵌套网格内层分辨率不低于 3km × 3km，垂直方向边界层内分层不少于 10 层）。将大气污染物环境背景值或实际监测资料作为模型运算的初始条件，模型外层网格污染物浓度模拟结果作为内层网格的边界条件。收集模拟区域内各类监测数据，进行模型结果校验。采用复杂模型内置的敏感性评估模块、源追踪模块等，模拟建立颗粒物排放源与受体之间的对应关系，获得各地区各类污染排放源对环境浓度的贡献。

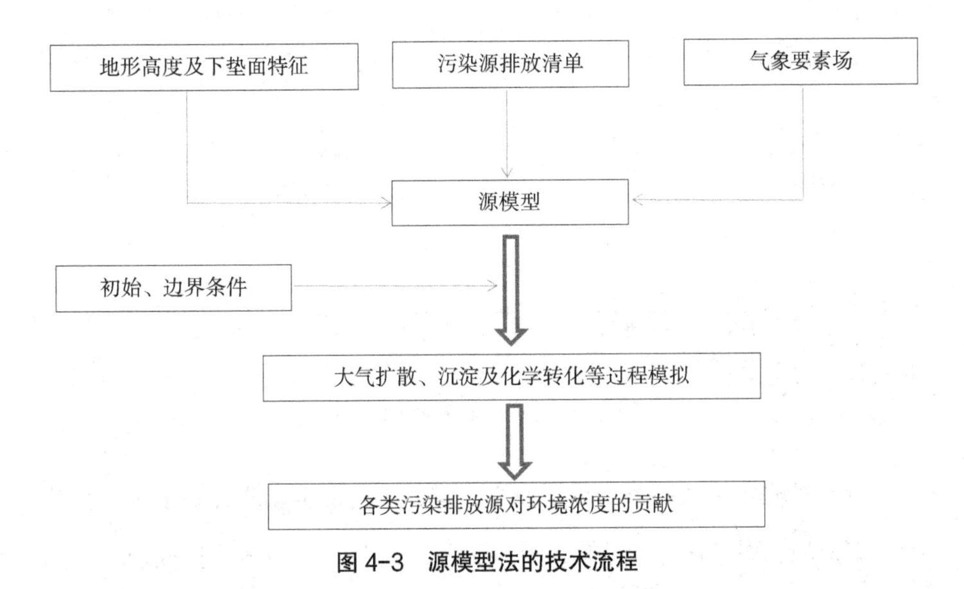

图 4-3　源模型法的技术流程

4.1.3　受体模型法

受体模型主要包括化学质量平衡模型（CMB）和因子分析类模型（PMF、PCA/MLR、UNMIX、ME2 等）。国内外广泛应用的是 CMB 模型和 PMF 模型。

4.1.3.1　CMB 模型

CMB 模型不依赖详细的排放源强信息和气象资料，能够定量解析源强难以确定的源（如扬尘源）的贡献，解析结果具有明确的物理意义。CMB 模型的技术流程如图 4–4 所示。

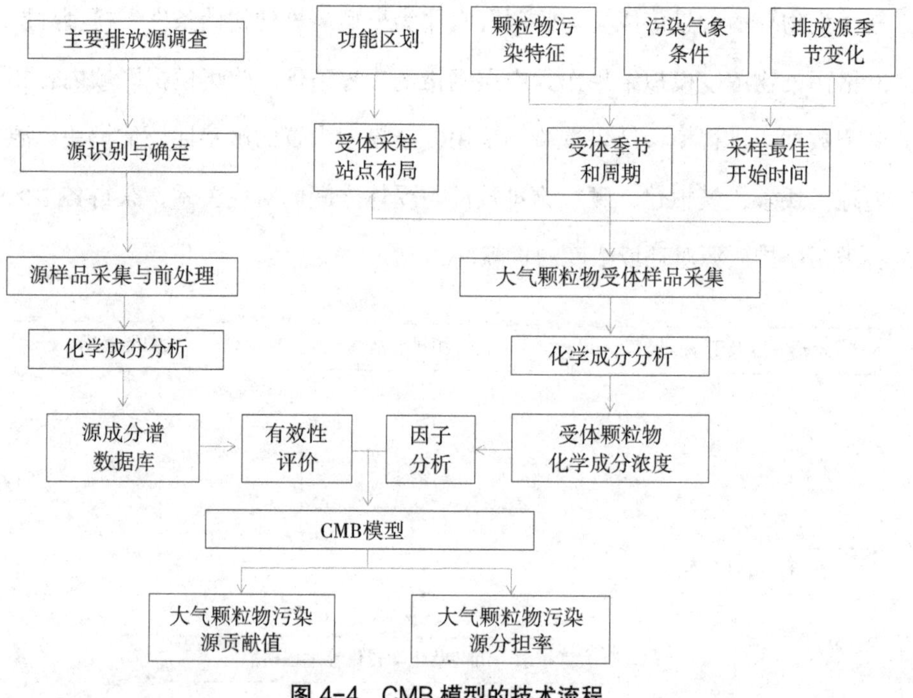

图 4-4　CMB 模型的技术流程

（1）颗粒物源的调查、识别及主要排放源的确定。调查固定源、移动源、开放源、餐饮源、生物质燃烧源以及二次粒子的前体物排放源等，建立颗粒物污染源排放基础数据库，识别颗粒物污染的主要排放源，确定需要采集和分析的源样品种类、点位和数量。

（2）颗粒物源和受体样品的采集及化学分析。

1）颗粒物源样品的采集。采集固定源、移动源、开放源、餐饮源与生物质燃烧源等源样品，其中具有明显地域特点的颗粒物源（扬尘源、土壤尘源、当地特殊行业源等）必须采集，其他源可根据各地实际情况确定是否采集或应用已有颗粒物源谱。所采集样品的种类和数量应能代表研究区域污染源排放的时空分布特征。扬尘采样布点结合受体采样点的空间分布，每个受体采样点周边采集不少于 3 个样品；土壤尘采样布点结合城市建成区及周边 10km 范围内裸土类型的分布，一般不少于 10 个样品；道路尘根据《防治城市扬尘污染技术规范》的要求采集；燃煤尘的采集应涵盖研究区域内不同燃烧方式、不同除尘方式、不同煤质等的燃煤源，每种不少于 3 个样品；其他源每类不少于 5 个样品。采集的颗粒物源样品应能够反映由源向环境受体排放时的物理过程，能够与环境受体颗粒物的特定粒径段相匹配。

源样品采样方法主要包括以下几种。

开放源再悬浮采样法。对于土壤尘、城市扬尘等开放源，可利用再悬浮采样器进行特定粒径源样品的采集。

固定源稀释通道采样法。对于固定燃煤源燃烧产生的颗粒物，推荐采用烟道气稀释通道进行采样。

移动源采样法。对于移动源，可在足够长的交通隧道（不少于 1000m）的中段位置设置大气颗粒物采样器，使用与受体采样相同的方式进行滤膜采样；或选取具有代表性的车型（包括汽油车、柴油车），使用随车采样器、稀释采样器或通过台架实验对机动车排放的颗粒物进行采集。

生物质燃烧源采样法。在实验室的模拟环境中进行燃烧，使用大气颗粒物采样器获取生物质燃烧源样品；或在露天环境中进行燃烧，在下风向采集颗粒物样品，同时在上风向采集环境对照样品。

餐饮源采样法。根据餐饮源排烟口的情况，因地制宜地参照固定源的采样方法采集。

2）环境受体中颗粒物样品的采集。依据《环境空气质量监测规范（试行）》的相关要求布设受体采样点，优先选择若干国家环境空气质量监测点，同时综合考虑功能分布、人口密度、环境敏感程度等因素，适当增加受体采样点位。受体采样时间与频次依据颗粒物浓度、排放源的季节性变化特征及气象因素确定，典型污染过程可增加采样频次。样品采集的数量要符合受体模型的要求。单日累积采样时间要满足样品分析检出限的要求，且避免滤膜负荷过载，一般为24小时，污染较重时可将每日采样时间分为两段，每段12小时。应按照《环境空气PM10和PM2.5的测定 重量法》的要求进行颗粒物样品的采集，也可根据源解析工作的具体需要选择适当的采样仪器。另外，要根据滤膜本身的特性和后续化学分析的需要确定采样滤膜。例如，分析无机元素采用有机滤膜，如聚四氟乙烯、聚丙烯、醋酸纤维素等；分析碳组分（有机碳OC、元素碳EC）和有机物（如多环芳烃、烷烃等）采用石英滤膜；分析水溶性离子采用聚四氟乙烯或石英滤膜等。

3）样品化学成分分析。应分析的化学成分包括无机元素（Na、Mg、Al、Si、K、Ca、Ti、V、Cr、Mn、Fe、Ni、Cu、Zn、Pb、As、Hg、Cd等）、碳组分（OC、EC）、水溶性离子（NH_4^+、Ca^{2+}、K^+、Na^+、Mg^{2+}、Cl^-、NO_3^-、SO_4^{2-}等）。各地也可根据颗粒物排放源的实际情况，增加多环芳烃、烷烃等化学成分。无机元素使用电感耦合等离子体原子发射光谱法（ICP-AES）、电感耦合等离子体质谱分析法（ICP-MS）或X射线荧光光谱（XRF）法进行分析。ICP-AES法的样品前处理采用微波消解法或加热板消解法，具体方法参考《硅酸盐岩石化学分析方法 第30部分：44个元素量测定》（GB/T14506.30-2010）；XRF法参考《硅酸盐岩石化学分析方法 第28部分：16个主次成分量测定》（GB/T14506.28-2010）。碳组分的分析使用热光分析法。水溶性离子的分析使用离子色谱法。多环芳烃、烷烃等有机物的分析使用GC-MS法。

（3）颗粒物源和受体化学成分谱的构建。采用颗粒物排放量加权平均或算数平均的方法构建颗粒物源和受体化学成分谱，包括各成分的含量及标准偏差等信息。

（4）CMB模型软件及使用。可选用的CMB模型软件有NKCMB2.0和CMB8.2。使用这类软件时，首先，应根据源识别的结果选择参与拟合的源；其次，应根据颗粒物源化学组成特征选择参与拟合的化学成分，必选成分包括Si、Ca、OC、EC、SO_4^{2-}、NO_3^-，所选化学成分数量不少于源数量；最后，拟合结果必须满足模型要求的各项诊断指标。对于扬尘污染问题突出的城市，共线性源的存在会导致解析结果出现负值，这时应采用二重源解析技术进行解析；对于复合污染特征明显的城市，这是应考虑二次颗粒物的影响，采用CMB–嵌套迭代模型或结合源模型法进行解析。

4.1.3.2 PMF模型

PMF模型根据长时间序列的受体化学成分数据集进行源解析，不需要源样品采集，提取的因子是数学意义的指标，需要通过源特征的化学组成信息进一步识别实际的颗粒物源。PMF模型的技术流程如图4–5所示。

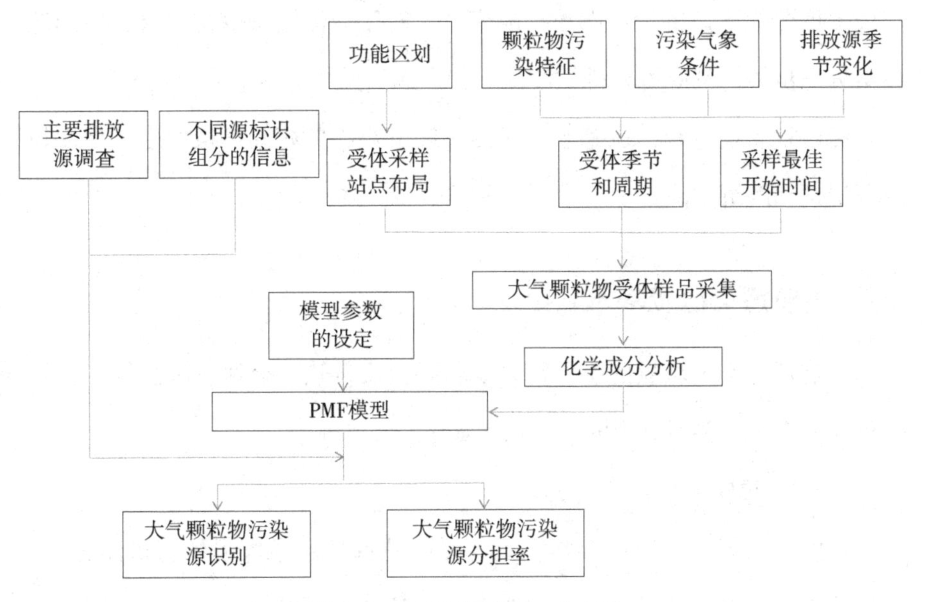

图4–5 PMF模型的技术流程

（1）颗粒物受体样品的采集及化学分析。PMF 模型中颗粒物受体样品的采集及分析过程与 CMB 模型基本相同，主要区别在于 PMF 模型中受体样品应在同一点位进行采集，有效受体样品量不少于 80 个。

（2）PMF 模型软件及使用。可选用的软件有 PMF3.0 等。使用这类软件时，所有有效分析的化学成分都要纳入模型进行拟合；低于分析方法检出限的化学成分，采用 1/2 检出限作为输入参数；根据模型要求的诊断指标，确定因子数目、旋转程度等参数。对于扬尘污染问题突出的城市，可采用因子分析 –CMB 复合受体模型解析扬尘、土壤尘和煤烟尘等共线性源的贡献。

4.1.3.3 源模型与受体模型联用法

对于复合污染特征较为明显的城市或区域，可使用源模型与受体模型联用法对颗粒物源进行详细解析。具体来说，使用受体模型计算各类源对受体的贡献值与分担率，利用源模型模拟计算各污染源排放气态前体物的环境浓度分担率，解析二次粒子的来源。对于受体模型解析结果，使用源模型进一步解析具有可靠排放源清单的点源贡献。

针对重污染过程，应基于在线高时间分辨率监测和模拟技术，发展快速源识别和解析方法。

4.2 主要污染源及基本状况

影响环境空气质量的主要污染源包括集中供热、交通、施工等。三县一市环境空气主要污染源的基本情况如下。

4.2.1 集中供热基本情况

目前，三县一市以燃煤热电厂、燃煤热源厂、燃煤锅炉房供热为主。从能源结构来看，以煤炭作为主要燃料，较少以天然气、石油、太阳能等作为燃料。沈阳市煤炭资源有限，大部分煤炭由外省、外市运入，主要来自辽宁省的铁法、抚顺、阜新，以及辽宁省外的黑龙江、内蒙古、山西等地。2013 年三县一市热源分布如表 4–1 所示。

表 4–1　2013 年三县一市热源分布

地区	现有锅炉		生产用锅炉		取暖锅炉		燃煤锅炉	
	数量（个）	总吨位	数量（个）	总吨位	数量（个）	总吨位	数量（个）	占锅炉总数比例（%）
新民市	308	1208.14	62	249.10	246	959.04	270	87.7
康平县	157	4411.47	98	4297.49	59	113.98	148	94.3
法库县	85	209.00	47	198.00	38	11.00	85	100.0
辽中县	221	737.38	110	232.10	111	505.28	217	98.2
合计	771	6565.99	317	4976.69	454	1589.30	720	93.4

资料来源：各县市原环保局统计数据。
注：现有锅炉包括生产用锅炉和取暖锅炉。

4.2.2　交通基本情况

汽车、摩托车等交通工具排放的尾气会造成严重的环境污染。可以说，各种车辆是一个流动的污染源。

2013 年，三县一市车辆保有量为 112763 辆，其中，大型车 35778 辆，中型车 2247 辆，小型车 52436 辆，摩托车 5456 辆、低速车 16846 辆（见表 4–2）。

表 4–2　2013 年三县一市车辆保有量

单位：辆

地区	大型车	中型车	小型车	摩托车	低速车	合计
新民市	28032	389	12823	2350	123	43717
辽中县	3314	208	1793	1023	56	6394
康平县	1932	560	9820	1493	67	13872
法库县	2500	1090	28000	590	16600	48780
合计	35778	2247	52436	5456	16846	112763

资料来源：各县市交通管理局统计数据。

4.2.3 施工污染源基本情况

施工扬尘主要来自土方的开挖、堆放、回填，施工建筑材料的装卸、运输、堆放和混凝土拌合等。2013 年三县一市施工场地情况如表 4–3 所示。

表 4–3 2013 年三县一市施工场地情况

单位：个

地区	施工场地数目
新民市	15
辽中县	12
康平县	17
法库县	14
合计	58

资料来源：各县市城建局统计数据。

4.3 主要污染源污染物排放状况

4.3.1 重点污染源污染物排放

由表 4–4 至表 4–6 可知，2013 年，三县一市重点污染源烟（粉）尘排放量为 7925.21 吨，二氧化硫排放量为 24377.27 吨，氮氧化物排放量为 18355.81 吨。

表 4–4 2013 年三县一市烟（粉）尘排放量前 10 名企业

单位：吨

排名	地区	企业名称	烟（粉）尘排放量
1	康平县	铁法煤业（集团）有限责任公司大平煤矿	2006.00
2	康平县	康平县会民水泥厂	1641.60
3	新民市	新民市水泥厂	1302.05
4	康平县	国电康平发电有限公司	504.00
5	法库县	沈阳沈龙瓷业有限公司	456.26
6	法库县	沈阳日日升陶瓷有限公司	449.42
7	法库县	辽宁金地阳陶瓷有限公司	430.88

续表

排名	地区	企业名称	烟（粉）尘排放量
8	新民市	宏宇热力供热公司	424.00
9	新民市	宏达热力供热公司	386.00
10	新民市	辽宁省中投热力有限公司	325.00
合计			7925.21

资料来源：沈阳市集中供热优化布局研究项目沈阳市重点污染源调查。表 4–5 至表 4–11 同此。

表 4-5　2013 年三县一市二氧化硫排放量前 10 名企业

单位：吨

排名	地区	企业名称	二氧化硫排放量
1	康平县	国电康平发电有限公司	6746.69
2	新民市	宏宇热力供热公司	3248.56
3	新民市	宏达热力供热公司	3156.25
4	新民市	辽宁省中投热力有限公司	3056.45
5	康平县	铁法煤业（集团）有限责任公司大平煤矿	2986.89
6	康平县	康平县会民水泥厂	1989.42
7	新民市	新民市水泥厂	1856.45
8	法库县	沈阳沈龙瓷业有限公司	456.26
9	法库县	沈阳浩松陶瓷有限公司	449.42
10	法库县	辽宁金地阳陶瓷有限公司	430.88
合计			24377.27

表 4-6　2013 年三县一市氮氧化物排放量前 10 名企业

单位：吨

排名	地区	企业名称	氮氧化物排放量
1	康平县	国电康平发电有限公司	13493.38
2	新民市	宏宇热力供热公司	948.78
3	新民市	宏达热力供热公司	856.69

续表

排名	地区	企业名称	氮氧化物排放量
4	法库县	沈阳沈龙瓷业有限公司	649.42
5	法库县	辽宁金地阳陶瓷有限公司	530.88
6	法库县	沈阳金美达陶瓷有限公司	461.85
7	法库县	沈阳日日升陶瓷有限公司	455.57
8	法库县	沈阳浩松陶瓷有限公司	336.15
9	法库县	沈阳新大地陶瓷有限公司	314.37
10	法库县	沈阳佳得宝陶瓷有限公司	308.72
合计			18355.81

4.3.2 污染物排放重点行业分布

4.3.2.1 二氧化硫排放重点行业

2013 年，三县一市热力生产和供应、火力发电、陶瓷制造、水泥制造四个行业二氧化硫排放比重大，四者占比达到 63.7%（见表 4–7）。

表 4–7 2013 年三县一市二氧化硫排放重点行业

单位：%

行业名称	所占比例
热力生产和供应	35.6
火力发电	12.0
陶瓷制造	10.5
水泥制造	5.6

4.3.2.2 氮氧化物排放重点行业

2013 年，三县一市氮氧化物排放重点行业与二氧化硫排放重点行业相似，只是由于当前电力行业脱氮工程尚未开展，因此比重最大，达到三县一市排放总量的 38.5%（见表 4–8）。

表 4-8 2013 年三县一市氮氧化物排放重点行业

单位：%

行业名称	所占比例
火力发电	38.5
陶瓷制造	15.7
热力生产和供应	15.0

4.3.3 主要污染源污染物区域分布

4.3.3.1 供热锅炉污染物区域分布

由表 4-9 可见，2013 年，辽中县二氧化硫排放量最大，其次是新民市、康平县、法库县；康平县烟尘排放量最大，其次是辽中县、法库县、新民市。

表 4-9 2013 年燃煤锅炉污染物排放区域分布

地区	燃煤年耗煤量（吨）	平均脱硫率（%）	二氧化硫年排放总量（吨）	平均除尘效率（%）	烟尘年排放总量（吨）	列入“十二五”规划拆除范围的数量（个）	总吨位	减少燃煤量（吨）
新民市	240248.4	2.23	2537.90	39.30	2676.47	8	30	6350
辽中县	199566.0	0.00	2557.72	37.35	4149.87	11	46	11500
康平县	107119.0	3.31	1491.12	13.97	5188.25	0	0	0
法库县	70882.6	0.00	907.30	0.00	3402.36	0	0	0

4.3.3.2 交通污染物区域分布

随着汽车、摩托车等数量越来越多，使用范围越来越广，其对环境的负面效应也越来越大，尤其是危害城市环境，引发呼吸系统疾病，造成地表空气臭氧含量过高，加重城市热岛效应。

车辆排放的污染物主要为碳氢化合物、氮氧化合物、一氧化碳、二氧化硫、含铅化合物、苯并芘及固体颗粒物等。2013 年三县一市车辆污染物排放区域分布如表 4-10 所示。

表 4-10　2013 年三县一市车辆污染物排放区域分布

地区	大型车（辆）	中型车（辆）	小型车（辆）	摩托车（辆）	低速车（辆）	氮氧化物排放量（吨）
新民市	28032	389	12823	2350	123	2394.40
辽中县	3314	208	1793	1023	56	295.65
康平县	1932	560	9820	1493	67	759.49
法库县	2500	1090	28000	590	16600	2670.71
合计	35778	2247	51436	5456	16846	6120.25

4.3.3.3　施工污染物区域分布

2013 年三县一市施工场地污染物排放区域分布如表 4-11 所示。

表 4-11　2013 年三县一市施工场地污染物排放区域分布

地区	施工场地数目（个）	烟尘排放量（吨）
新民市	15	68
辽中县	12	56
康平县	17	46
法库县	14	52
合计	58	222

4.4　主要污染物污染源解析

4.4.1　环境空气细颗粒物（PM2.5）来源解析

为摸清三县一市 PM2.5 的污染来源，本研究于 2014 年 3 月—2015 年 1 月采集了三县一市的 PM2.5 样品，对其进行了组分分析，并依据已获得的有效数据，使用主成分分析法对其进行了来源解析，初步给出了三县一市非采暖季大气 PM2.5 的源解析结果。

目前，大气颗粒物来源解析常用的方法有化学质量平衡法（CMB）、

主成分分析法（PCA）、聚类分析法及多元线性回归法等。其中，主成分分析法具有不需要源谱数据仍可解析的优势。

本研究以采集的非采暖季（6—9月）PM2.5样品为样本，以每个样品中的9种元素（V、Cr、Mn、Ni、Cu、Zn、Cd、Ba、Pb）、7种离子（NO_3^-、SO_4^{2-}、NH_4^+、Na^+、K^+、Mg^{2+}、Ca^{2+}）、3种碳组分（TC、OC、EC）为变量，使用主成分分析法进行来源解析。

经过主成分提取和方差最大旋转后得到6个主成分（见表4–12），每个主成分对应的特征值都大于1，且累积方差贡献量达到了87.7%。

表 4–12 旋转成分矩阵

组分	主成分					
	1	2	3	4	5	6
TC	–0.108	0.172	**0.965**	–0.092	–0.011	0.060
OC	–0.131	0.208	**0.944**	–0.147	–0.035	0.045
EC	0.077	–0.123	**0.861**	0.320	0.163	0.152
NO_3^-	**0.885**	0.032	–0.115	0.140	0.034	–0.082
SO_4^{2-}	**0.920**	0.092	–0.050	–0.044	–0.028	0.030
Na^+	0.076	**0.978**	0.072	–0.061	0.099	0.076
K^+	0.584	0.143	–0.029	0.615	0.091	–0.166
Mg^{2+}	0.259	**0.921**	0.133	0.003	0.106	–0.096
Ca^{2+}	0.006	**0.975**	0.080	–0.057	0.090	0.081
NH_4^+	**0.962**	0.001	–0.036	0.082	0.000	0.116
V	0.258	0.062	0.246	0.044	–0.051	**0.856**
Cr	–0.269	0.012	–0.032	0.065	0.244	**0.875**
Mn	0.270	–0.315	–0.374	0.507	0.300	0.159
Ni	–0.088	0.130	0.029	–0.055	**0.895**	0.165
Cu	–0.046	0.045	0.219	**0.777**	0.094	0.064
Zn	0.662	0.152	0.033	0.240	0.527	0.065

续表

组分	主成分					
	1	2	3	4	5	6
Cd	0.550	0.148	0.116	0.291	**0.730**	–0.022
Ba	0.314	–0.309	–0.296	**0.785**	–0.092	0.085
Pb	0.613	0.266	–0.152	0.290	0.421	–0.247
对方差的贡献率（%）	23.4	16.9	15.7	11.9	10.7	9.1

因子负荷代表的是原变量与主成分之间的相关系数，一般当因子负荷大于 0.5 时，就可认为原变量与主成分的相关性较强，再根据主成分所含的特征元素就可以判断出主成分代表的污染源。

（1）主成分 1 解释了原有变量 23.4% 的方差。其中，NO_3^-、SO_4^{2-}、NH_4^+ 离子的因子负荷较大。NO_3^-、SO_4^{2-}、NH_4^+ 为二次硝酸盐和硫酸盐的基本特征，因此可认为主成分 1 是二次粒子。

（2）主成分 2 中 Na^+、Mg^{2+}、Ca^{2+} 离子的因子负荷较大。Mg、Ca 主要存在于地壳中，且 Mg、Ca 为建筑扬尘的特征组分，因此可认为主成分 2 是扬尘源。

（3）主成分 3 中 TC、OC、EC 的因子负荷较大。OC 一般来自机动车燃料的不完全燃烧，因此可认为该主成分代表机动车尾气源。

（4）主成分 4 中 Cu、Ba 的因子负荷较大。Cu 主要来源于工业粉尘，因此可认为该主成分为工业源。

（5）主成分 5 中 Ni、Cd 的因子负荷较大。Ni 与燃煤排放有关，因此可认为该主成分代表燃煤源。

（6）主成分 6 中 V、Cr 的因子负荷较大。Cr 与工业排放有关，V 主要来源于化石燃料（如石油和煤）的燃烧，因此可认为该主成分为燃油源。

图 4–6 给出了三县一市非采暖季主要污染源对大气中 PM2.5 的贡献

率。各污染源贡献率的大小分别为：二次粒子（23.4%）（其中，硫酸盐17.2%、硝酸盐6.2%）、扬尘源（16.9%）、机动车尾气源（15.7%）、工业源（11.9%）、燃煤源（10.7%）、燃油源（9.1%）、其他源（12.3%）。

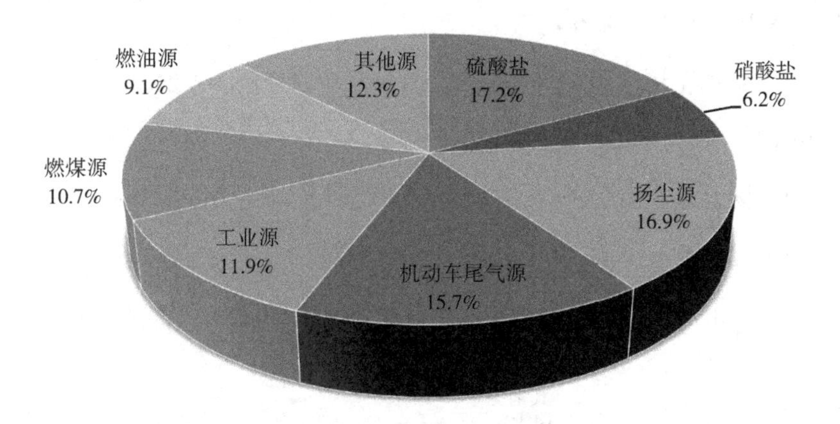

图 4-6　三县一市非采暖季主要污染源对大气中 PM2.5 的贡献率

对二次粒子进行分摊，前提是假设硫酸盐和硝酸盐分别是由 SO_2 和 NO_x 百分之百转化而来，不考虑化学反应的各种复杂过程。具体分摊方法如下：在环境统计数据里查出工业源、燃煤源和机动车尾气源分别排放的 SO_2 和 NO_x 占总排放量的比例，然后分别乘以硫酸盐和硝酸盐源解析的贡献率，最后与源解析计算的工业源、燃煤源和机动车尾气源的贡献率相加。

由环境统计数据可知，2014 年三县一市燃煤源 SO_2 年排放量为 9.8 万吨，NO_x 年排放量为 8.6 万吨；机动车尾气源 NO_x 年排放量为 4.4 万吨；工业源排放的 SO_2 和 NO_x 尚未得到有效数据。因此，拟将二次粒子所占总比例的 1/10 分配给工业源，再按机动车尾气源与燃煤源排放污染物的比例分配剩余二次粒子的贡献率。

通过各类源比例分析，拟将燃油源所占总比例的 25% 分配给工业源，30% 分配给燃煤源，25% 分配给机动车尾气源，剩余 20% 分配给其他源。

折算后的各类源比例如下。

（1）工业源：11.9%+23.4%×0.1+9.1%×0.25≈16.5%。

（2）燃煤源：10.7%+17.2%×0.9×（9.8/9.8）+6.2%×0.9×［8.6/（8.6+4.4）］+9.1%×0.3≈32.6%。

（3）机动车尾气源：15.7%+17.2%×（0.02/9.8）+6.2%×0.9×［4.4/（8.6+4.4）］+9.1%×0.25≈19.9%。

（4）扬尘源：16.9%。

（5）其他源：14.1%。

三县一市非采暖季各污染源对大气中 PM2.5 的贡献率如图 4-7 所示。

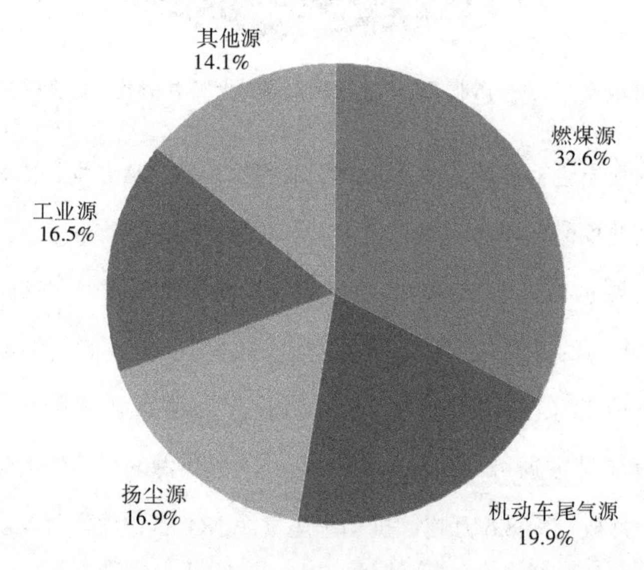

图 4-7 三县一市非采暖季各污染源对大气中 PM2.5 的贡献率

4.4.2 研究结论

研究表明，三县一市非采暖季各类污染源对大气中 PM2.5 的贡献率分别为：燃煤源 32.6%、机动车尾气源 19.9%、扬尘源 16.9%、工业源 16.5%、其他源（如生物质燃烧、餐饮、农业等）14.1%。

三县一市非采暖季大气中 PM2.5 的成分和来源呈现以下两个突出特点：一是燃煤排放是 PM2.5 的首要来源；二是二次粒子影响大，其影响不可忽视。PM2.5 中的有机物、硝酸盐、硫酸盐主要由气态污染物二次转化生成，是重污染情况下 PM2.5 浓度升高的主要因素。

4.5 各地区污染物排放总量

2013 年三县一市主要大气污染物排放情况如表 4-13 所示。

表 4-13 2013 年三县一市主要大气污染物排放情况

单位：吨

地区	大气污染物	集中供热排放量	施工排放量	机动车排放量	排放总量
新民市	SO_2	2918.59			2918.59
	NO_2	6199.87		2394.40	8594.27
	PM10	3077.94	68		3145.94
	PM2.5	2162.35			2162.35
辽中县	SO_2	2941.38			2941.38
	NO_2	4695.24		295.65	4990.89
	PM10	4772.35	56		4828.35
	PM2.5	3817.88			3817.88
法库县	SO_2	1043.39			1043.39
	NO_2	7727.64		2670.71	10398.35
	PM10	3912.71	52		3964.71
	PM2.5	3130.17			3130.17
康平县	SO_2	1714.79			1714.79
	NO_2	14252.87		759.49	15012.36
	PM10	5966.49	46		6012.49
	PM2.5	4773.19			4773.19

资料来源：同表 4-4。

5 社会经济发展对污染物排放及环境影响的预测研究

5.1 三县一市社会经济发展 SD 预测

5.1.1 预测内容

污染物的排放总量与社会经济的发展息息相关，如企业数量的增加决定了工业污染物产生量的增加，人口的增加和人们消费水平的提高决定了生活污染物产生量的增加。为了预测未来五年内三县一市污染物产生量和排放量的增加，首先要对未来五年三县一市社会经济的发展进行预测。因此，本章预测内容主要包括：未来五年三县一市社会经济发展预测和污染物增量预测。

5.1.2 预测模型

三县一市现有的产业结构是引起严重环境问题的重要原因。产业的构成及其发展与资源、经济基础、人口、环境等多个系统相关联，在影响这些系统的同时，也受这些系统的影响，从而形成一个复杂的社会、经济、环境大系统。对于这样一个复杂大系统，必须借用分析复杂系统的常用工具——系统动力学（System Dynamics，SD）进行分析，从而预测三县一市未来的社会经济发展状况。

5.1.3 系统动力学的特点

系统动力学是一门认识和解决系统问题的综合性学科，是系统科学和管理科学的一个分支，是一种研究复杂系统行为的方法。其是由美国麻省理工学院（MIT）的 Forrester 教授于 20 世纪 50 年代中期创立的。该方法集系统论、控制论和计算机仿真技术于一体，可以研究复杂反馈系统的动态变化趋势。

系统动力学认为，系统的行为模式和特性主要取决于其内部的动态结构和反馈机制。由于系统内部各个因素的相互作用形成复杂的因果反馈关系，所以系统往往表现出反直观的动力学特性。把系统动力学应用于社会–经济–环境系统，能够有效地综合考虑人口、工业、资源、环境等子系统的有机联系，基于实现可持续发展的系统目标，动态模拟系统的发展行为和趋势，从而对初始状态、发展过程进行配置和管理。

将系统动力学应用到社会经济系统中，主要是建立系统动力学（SD）模型，进行计算机仿真模拟。系统动力学被喻为“实际系统战略及策略实验室”，能够有效地模拟实际复杂系统的内部联系，揭示系统的隐含成分，防止主观直觉上的判断失误。在实际系统中，一项政策和决策不仅会影响到系统的一个具体部分，还会通过系统的相互联系间接地影响到其他部分，甚至会根本上使一个良性反馈转变为恶性反馈。同时，系统的一个发展结果往往不是单个原因造成的，这样的过程不是简单地凭脑袋可以厘清的，必须借助计算机的建模、模拟与政策分析的一整套方法。

5.1.4 SD 建模步骤

建立 SD 模型模拟三县一市的社会经济环境系统并进行产业选择的基本思路是：把现有的资源、环境作为背景，模拟三县一市社会经济环境系统的运行结果，并对参数进行调整，以实现系统的可持续发展为最终目的。

具体来说，SD 模型的建立是一个包含多次反复循环、逐渐深化、逐渐趋向预定目标的过程，其基本步骤如下。

（1）收集基础数据和资料。

（2）分析数据，进行问题诊断分析。

（3）明确建模目的。

（4）用文字表述该系统。

（5）确定系统边界。

（6）确定子系统的组成及主要变量。

（7）明确变量的种类，建立反馈环，画出系统流程图。

（8）方程编写和调试。

（9）进行灵敏度分析，测试模型的有效性。

（10）策略设计和调整。

5.1.5 子系统和主要变量

对于三县一市这个系统，要对其社会经济发展趋势进行预测和评估，应全面考虑自然资源、环境、人力资源、资本等基础条件对产业的支持，以及产业对社会经济环境系统发展的影响。各个子系统应分别表达与产业发展有重要关联的各个方面，使得重要的反馈过程都完整地包括在其中。各子系统之间的相互联系如图 5–1 所示。

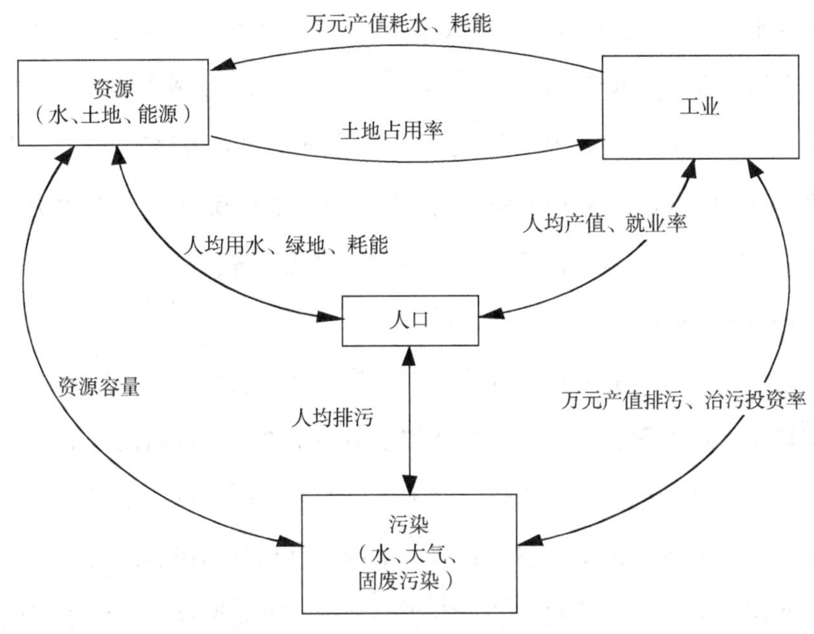

图 5-1 各子系统之间的相互联系

各个子系统及其主要变量如下。

5.1.5.1 人口子系统

人口分为两个部分：常住人口和流动人口。常住人口指有一定居住年限的居民，其发展趋势由出生率、死亡率、迁入率、迁出率来决定；流动人口指短期工作人口、旅游人口以及学生，其变化用净流入率来表示。

人口子系统与其他各子系统的关系十分密切，例如，劳动力资源影响产业发展程度，人口总量决定资源消耗、废物排放、服务业需求量等。人口子系统涉及的主要变量有总人口量、常住人口、流动人口、出生率、死亡率、迁出率、迁入率、劳动力需求量、就业率、人口密度等。

5.1.5.2 工业子系统

工业是三县一市产业最重要的组成部分，是拉动三县一市经济发展的关键因素。工业生产在带来经济效益、安排劳动力就业的同时，会消耗矿产、土地、水、能源等资源，并产生大量的污染物，造成水、大气、土壤污染。工业子系统涉及的主要变量有工业总产值、i 产业固定资产、i 产业产值、i 产业耗水量、i 产业污染物排放量、i 产业劳动力、i 产业固定资产投资量、i 产业固定资产折旧量、i 产业投入产出率等。

5.1.5.3 水资源子系统

三县一市的用水主要来自地下水，其次是地表水，水质型缺水和水量型缺水日益严重。大量工业废水和生活污水直接排入河流，造成地表水和地下水的严重污染，威胁到整个水资源系统的运行。水资源子系统涉及的主要变量有每年可利用的地下水量、每年可利用的地表水量、每年可回用水量、外流域调水量、生活用水量、工业用水量、生态环境用水量（含绿化用水量），以及与这些变量相关的速率变量、辅助变量。

5.1.5.4 能源子系统

能源与三县一市的社会经济环境发展密切相关，在为生产生活提供动力来源的同时，也向环境排放大量的污染物，尤其以燃煤产生的污染物量最大。能源子系统涉及的主要变量为煤、石油、天然气、电力的供给量和需求量，以及这几种能源形式的构成比例。

5.1.5.5 污染子系统

三县一市的污染主要是水污染、大气污染、城市固体废物污染。该子系统与人口、工业、水资源、能源子系统紧密联系在一起。污染子系统涉及的主要变量有 COD 产生量、固废产生量、SO_2 产生量、NO_x 产生量、烟尘（粉尘）产生量、工业及服务业万元产值污水及固废排放量，以及与这些变量相关的速率变量和辅助变量。

5.1.6 系统流程设计

子系统和主要变量确定之后，就可以分析子系统之间、主要变量之间的因果关系，并在此基础上进行系统流程设计。流程是对实际系统的抽象反映，说明了组成反馈回路的状态变量和速率变量之间的连接关系，以及系统中各反馈回路之间的连接关系，这些关系是建立模型方程的依据。因此，在建模过程中，流程设计是一个关键环节和主要工作。我们采用 VENSIM 软件来完成流程设计。

5.1.7 方程编写和调试

VENSIM 软件提供了一系列常用的函数，如 DELAY3（I，T）、IF_THEN_ELSE（cond，X，Y）、INITIAL（A）、PULSE（A，B）、SMOOTH（X，T）等。函数的变量直接用变量名表示。该模型共有 314 个变量和方程，其中包括 110 个常量、19 个状态变量、38 个速率变量和 147 个辅助变量。各子系统的主要方程如下。

人口子系统：

常住人口 =INTEG（出生人口 + 迁入人口 – 死亡人口 – 迁出人口，现状人口）

迁入率 = 迁入政策因子（总人口量）/ 人口密度因子

流动人口 =INTEG（净流入人口，流动人口初值）

就业率 =（常住人口 × 人口劳动力比例 + 流动人口）/ 劳动力需求量

工业子系统：

i 产业固定资产 =INTEG（i 产业固定资产投资量 –i 产业固定资产折旧量，i 产业固定资产初值）

i 产业产值 =i 产业固定资产 ×i 产业投入产出率

i 产业固定资产投资率 =i 产业综合发展因子 × 水资源限制因子 /（i 产业万元产值耗水量 / 平均万元产值耗水量）

i 产业为电子信息产业、先进制造产业、新材料产业、生物制药产业、新能源与环保产业及其他产业。

第三产业子模块：

第三产业固定资产 =INTEG（第三产业固定资产投资量－第三产业固定资产折旧量，第三产业固定资产初值）

第三产业总产值＝第三产业固定资产 × 第三产业投入产出率

第三产业固定资产投资率 =IF_THEN_ELSE（供求比例 <1，2× 第三产业固定资产折旧率 / 供求比例，第三产业固定资产折旧率）

水资源子系统：

水资源量 =INTEG（水资源产生量－用水量，水资源初值）

水资源产生量＝每年可利用的地下水量＋每年可利用的地表水量＋每年可回用水量＋外流域调水量

用水量＝工业用水量 × 工业用水鲜水比例＋生活用水量＋生态环境用水量

水资源限制因子＝水资源供给量与需求量的比

能源子系统：

能源需求量＝第三产业能源需求量＋工业能源需求量＋生活能源需求量

能源总量 =INTEG（能源供给量－能源需求量，能源初值）

能源供给量＝煤供给量＋电力供给量＋石油和天然气供给量

污染子系统：

COD 产生量＝工业 COD 排放量 +COD 输入量＋生活废水量 × 生活废水 COD 浓度

固废产生量＝工业固废产生量＋生活垃圾产生量

工业固废产生量＝工业总产值 × 工业万元产值固废产生量

生活垃圾产生量＝总人口量 × 人均生活垃圾产生量

SO_2 产生量 =（工业 SO_2 产生量 + 供暖 SO_2 产生量）×（1–SO_2 减排率）+SO_2 输入量

NO_x 产生量 =（工业 NO_x 产生量 + 供暖 NO_x 产生量）×（1–NO_x 减排率）+NO_x 输入量

烟尘产生量 = 风扬尘量 + 输入烟尘量 +（工业烟尘产生量 + 供暖烟尘产生量）×（1– 烟尘减排率）

5.1.8 预测结果

系统动力学模型预测的三县一市社会经济发展状况如表 5–1 所示。

表 5–1 三县一市社会经济发展状况预测

参数	2017 年	2020 年
总人口（万人）	218	245
GDP（现价亿元）	1372.35	1503.05
第一产业（现价亿元）	299.2	353.6
第二产业（现价亿元）	806.3	842.95
第三产业（现价亿元）	317.1	347.3
能源消耗总量（万吨标准煤）	1510.42	1654.25
煤炭消耗总量（万吨）	980.23	1123.45
SO_2 产生量（吨）	9049.06	9909.28
NO_x 产生量（吨）	40945.67	42892.48
烟尘产生量（吨）	18849.06	19746.63

5.2 燃煤污染源环境影响分析

5.2.1 空气质量扩散模型

5.2.1.1 CALPUFF 模型介绍

本研究使用 BREEZE CALPUFF 模型对沈阳市 10 吨以上燃煤锅炉、

44个在役燃煤锅炉烟囱进行了分析，并利用三县一市2013年的气象数据，评价了2013年气象条件下锅炉排放对沈阳市大气环境的潜在影响。BREEZE CALPUFF模型内嵌了美国EPA认证的CALPUFF执行程序。CALPUFF模型是一个多层次、多污染物、非稳态拉格朗日烟团模型，可模拟三维流场随时间和空间变化时污染物在大气环境中的输送、转化和清除过程。

CALPUFF模型将污染源的排放扩散模拟成一系列的烟团。当烟团处于模型区域内时，每个烟团的输送和扩散就与该时刻烟团所在格点及垂直层的气象条件相关。受体点的污染物浓度是所有烟团对该受体点的影响的总和。根据美国EPA空气质量模型指南，CALPUFF模型适用于从几十米到几十万米的模拟范围，包含了近场效应的算法，如建筑物下洗、浮力抬升、动力抬升、防雨罩效应、次网格地形、部分烟羽穿透、海岸效应，还包括长距离模拟的计算功能，如污染物的干沉降、湿沉降、化学转化、垂向风切变效应、水面扩散、熏烟以及颗粒物浓度对能见度的影响。

因此，CALPUFF模型既适用于近场输送研究，也适用于长距离扩散研究。这也与美国EPA对CALMET/CALPUFF模型的评审结论相一致。

本研究对模型进行了以下设置：过渡性烟羽抬升；温度梯度计算出的逆温层部分烟羽穿透；农村区域采用Pasquill-Gifford（PG）系数，城市区域采用McElroy-Pooler（MP）系数；按地面以上有效烟团高度调整的浓度估算；当烟羽的横向尺寸超过550m时，使用Heffter公式计算横向扩散系数和垂向扩散系数；部分烟羽路径调整系数使用默认值。

5.2.1.2　模型区域及网格

在CALPUFF模型分析中，排放物在整个计算网格中以一系列离散烟团的形式被追踪。烟团中的污染物浓度能在设定的独立受体位置（嵌套在计算网格区域内）进行输出。因此，在CALPUFF模型分析中，需要设定三套网格，分别是气象网格、计算网格和受体网格。具体如表5-2所示。

表5-2 CALPUFF模型中网格作用及相关描述

网格	作用及相关描述
CALMET气象网格	气象网格是CALMET生成的具有气象场的格点系统，定义的格点覆盖区域必须大于模拟对象区域
CALPUFF计算网格	计算网格决定了CALPUFF的运算域。只有在计算网格域内的烟团才被分析、追踪，这为分析模拟对象区域提供了边界缓冲区
CALPUFF受体网格	结果中计算给出污染物浓度的受体点，覆盖模拟对象区域

本次模拟针对全沈阳市做大气扩散模型研究，模拟的区域范围设定为100km×100km。CALMET气象网格设定为100km×100km，间距为1km。CALPUFF计算网格的设定与CALMET气象网格相同。由于模拟的区域很大，本研究使用单一分辨率的受体网格覆盖整个模拟范围。在100km×100km范围内以1km间距设置受体点，总受体点数量为10000个。

5.2.2 气象数据

5.2.2.1 地面气象数据

根据沈阳气象站2013年气象观测资料，可绘制出模拟区域年平均温度月变化曲线（见图5-2）、年平均风速月变化曲线（见图5-3）、季小时平均风速日变化曲线（见图5-4）。模拟区域以西南风（SW）频次最高，为9.5%，其次为北风（N）和南西南风（SSW），都为9%，全年主导风向不明显（见图5-5、图5-6）。

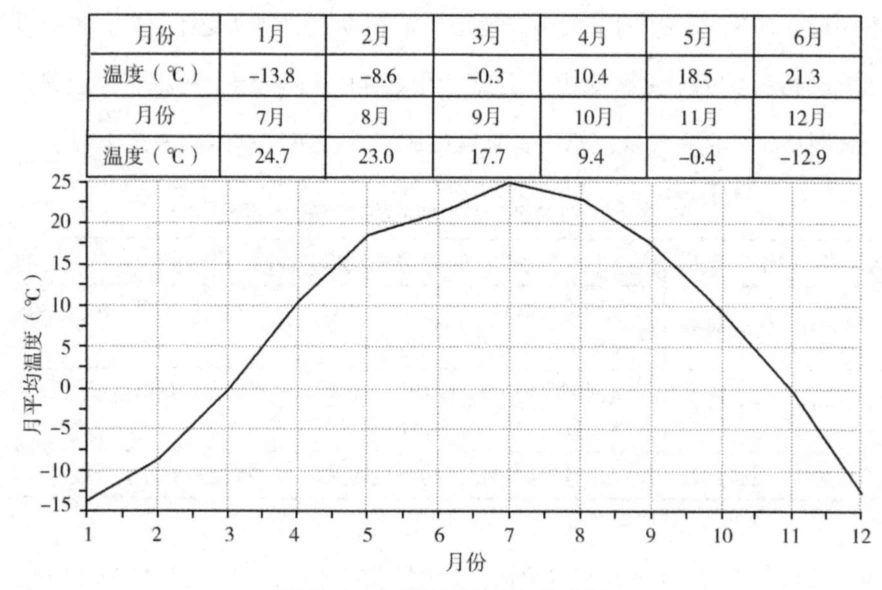

月份	1月	2月	3月	4月	5月	6月
温度（℃）	-13.8	-8.6	-0.3	10.4	18.5	21.3
月份	7月	8月	9月	10月	11月	12月
温度（℃）	24.7	23.0	17.7	9.4	-0.4	-12.9

图 5-2　年平均温度月变化曲线

月份	1月	2月	3月	4月	5月	6月
风速（m/s）	1.7	2.4	2.8	3.2	2.3	2.1
月份	7月	8月	9月	10月	11月	12月
风速（m/s）	1.9	1.8	1.8	2.0	2.3	2.0

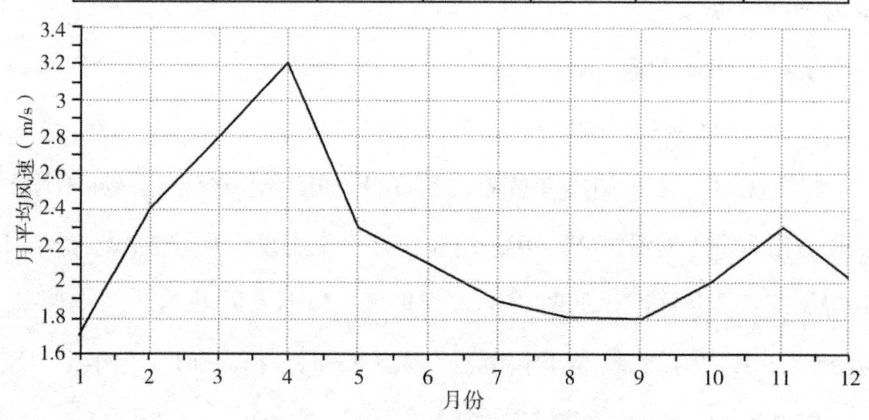

图 5-3　年平均风速月变化曲线

小时（h） 风速（m/s）	1	2	3	4	5	6	7	8	9	10	11	12
春季	1.9	1.9	1.9	1.9	2.1	2.3	2.7	3.2	3.2	3.5	4.0	3.9
夏季	1.4	1.5	1.4	1.4	1.5	1.6	1.8	2.1	2.1	2.2	2.5	2.4
秋季	1.6	1.7	1.6	1.7	1.8	1.8	2.0	2.2	2.2	2.4	2.9	2.8
冬季	1.7	1.8	1.7	1.8	2.0	2.0	2.0	2.1	2.1	2.3	2.7	2.7
小时（h） 风速（m/s）	13	14	15	16	17	18	19	20	21	22	23	24
春季	3.9	4.1	3.8	3.6	3.6	2.9	2.4	2.2	2.0	2.0	2.1	2.0
夏季	2.5	2.7	2.4	2.3	2.3	1.9	1.7	1.7	1.5	1.5	1.6	1.4
秋季	2.9	3.1	2.7	2.2	2.0	1.7	1.6	1.5	1.5	1.5	1.7	1.6
冬季	2.9	3.2	2.7	2.3	2.1	1.8	1.6	1.5	1.5	1.5	1.7	1.6

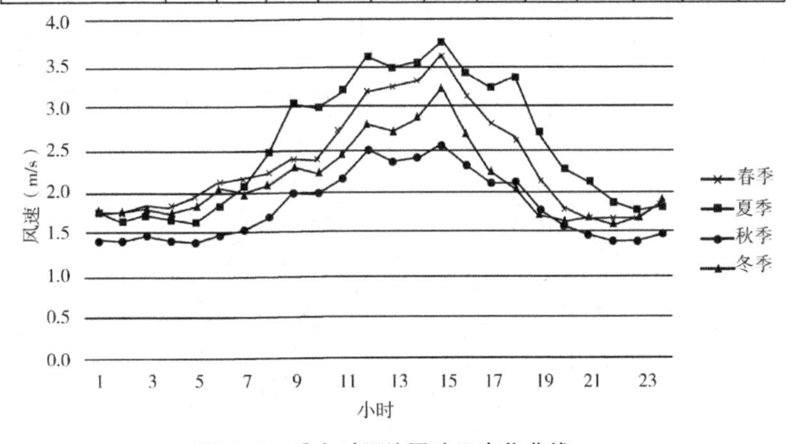

图 5-4　季小时平均风速日变化曲线

风向 风频（%）	N	NNE	NE	ENE	E	ESE	SE	SSE	S	SSW	SW	WSW	W	WNW	NW	NNW	C
一月	15.4	11.8	20.2	10.9	6.4	4	4	1.6	3.2	3.2	4	1.7	3.3	1.2	1.5	4.1	3.6
二月	8.2	4.6	4.3	3	5.5	1.9	1.9	1.7	5.3	9.3	13.1	10.1	7.9	4.3	6.3	10.3	2.3
三月	12.4	8.9	4.8	3.8	2.7	1.6	2.2	2.4	1.5	8.2	9.7	11.2	3.8	7.5	7.3	10.3	1.9
四月	6.8	4	3.3	4.9	2.9	1.9	1.8	2.4	15.7	12.2	13.9	8.3	6.9	3.5	4	6.8	0.6
五月	5.6	5.6	2.7	6.6	7	2.6	2.4	3.9	8.3	10.6	11.8	12.1	9.3	3.9	2.6	3	2
六月	1	1.4	2.8	4.2	10	4.6	4.6	8.3	15.7	13.6	19.3	8.3	4	0.6	0.3	0.7	0.7
七月	1.9	4.6	5.5	7.9	5.4	5.8	5.2	4.2	12.5	14.9	11.3	8.3	6.5	1.7	2	1.1	1.2
八月	9.7	10.6	10.5	10.5	10.3	4.8	3.9	3.2	7.3	10.2	5.1	6.5	2.4	1.3	0.3	1.2	2.2
九月	11.8	5.8	6.8	10.7	6.1	3.9	4.7	7.1	9.2	6.4	10	6.1	3.9	1.1	1.4	2.8	2.2
十月	9.1	4.6	6.9	9.5	9.5	3.5	4.7	4	9.8	6.5	5.5	5	6	3.5	3.2	7.3	1.3
十一月	10.7	4.9	4.6	13.3	6	3.9	4.7	3.6	4.7	5.4	5.6	2.9	9.4	6.8	5.1	6.7	1.7
十二月	14.9	6.2	5.5	12.5	7.7	4.3	3.6	4.7	6.2	8.1	4.8	4.7	4.6	2.7	3.5	5.1	0.9

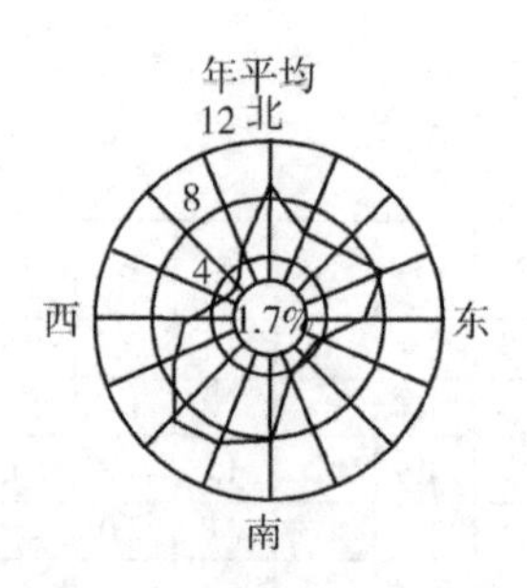

图 5-5 年均风频的月变化

风向 风频（%）	N	NNE	NE	ENE	E	ESE	SE	SSE	S	SSW	SW	WSW	W	WNW	NW	NNW	C
春季	8.3	6.2	3.6	5.1	4.2	2	2.1	2.9	8.4	10.3	11.8	10.6	6.7	5	4.6	6.7	1.5
夏季	4.2	5.6	6.3	7.6	8.6	5.1	4.6	5.2	11.8	12.9	11.8	7.7	4.3	1.2	0.9	1	1.4
秋季	10.5	5.1	6.1	11.2	7.2	3.8	4.7	4.9	7.9	6.1	7	4.7	6.5	3.8	3.3	5.6	1.7
冬季	13	7.6	10.2	8.9	6.5	3.4	3.2	2.7	4.9	6.8	7.2	5.4	5.2	2.7	3.7	6.4	2.3
年平均	9	6.1	6.5	8.2	6.6	3.6	3.7	3.9	8.3	9	9.5	7.1	5.7	3.2	3.1	4.9	1.7

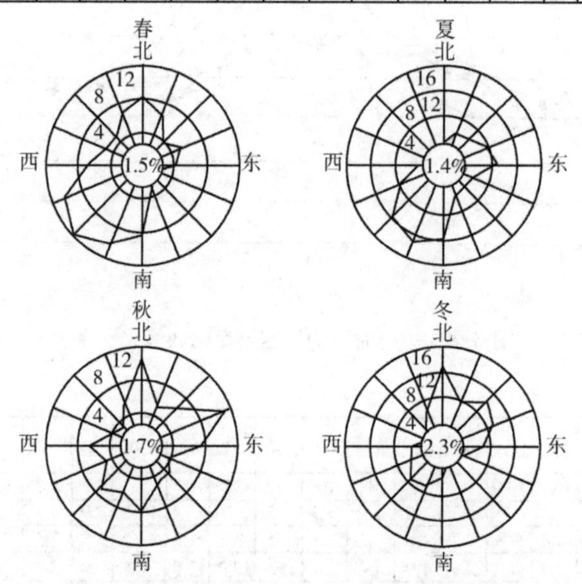

图 5-6 年均风频的季变化及年均风频

5.2.2.2 高空气象数据

高空观测网点比地面观测网点密度小很多，因为高空气象条件变化较少，且一般不会受到局部影响（如地形或水体）。高空气象数据在

CALPUFF 模型分析中非常重要，它使得气象数据更接近实际。本研究收集了模拟区域 2013 年的探空气象数据，包括各高度层的气压、干球温度、湿球温度、风速、风向等参数。另外，在本研究中没有考虑干湿沉降的作用，不需要降水数据。

5.2.2.3 中尺度模式数据

本研究 CALPUFF 模型使用的数据由中尺度模式（MM5）处理数据结合模拟区域 2013 年的地面观测数据及桃仙气象站 2013 年的探空观测数据，经 CALMET 诊断气象模式处理生成。其中，MM5 模式采用双重嵌套，内层计算范围为 120km × 120km，分辨率为 4km；外层计算范围为 300km × 300km，分辨率为 12km。

5.2.2.4 风场生成与处理

在一般情况下，CALMET 生成最终风场需要两个步骤：第一步，将诊断风场（如 MM5）引入 CALMET 作为初始猜测场，然后 CALMET 通过应用动态地形效应、坡度流、地形热力阻塞效应和三维散度最小化等来调整初始猜测场，由此得到的风场称为步骤 1 风场；第二步，通过对所选地面站和水上观测站的观测数据进行客观分析，使用 CALMET 进一步调整步骤 1 风场，由此得到最终风场，称为步骤 2 风场。在这两个步骤之后还会由“诊断风模块”（DWM）进一步处理。CALMET 允许用户通过选择“仅客观分析”选项来引入诊断风场作为步骤 1 风场。这个选项可以直接绕过初始猜测场的地形效应等调整过程。

本研究风场处理设置如下：选用 DWM 模块分析；采用 MM5 输出风场作为初始猜测场；地面风垂向外推应用相似理论，忽略高空气象站第一层，而总是对地面站的数据进行垂向外推；选择“水平和垂直方向变化风场”选项，每层外推的权重因子设置为默认值零。格点面高度和垂直风外推的权重因子设置如表 5-3 所示。

表 5-3 格点面高度和垂直风外推的权重因子设置

层	高度（m）	权重因子
1	0~20	0
2	20~40	0
3	40~80	0
4	80~160	0
5	160~320	0
6	320~640	0
7	640~1200	0
8	1200~2000	0
9	2000~3000	0
10	3000~4000	0

在从初始猜测场生成步骤 1 风场时，动态地形效应、地形热力阻塞效应（弗劳德数调整）、坡度流、三维散度最小化等参数都设置成默认值。在生成步骤 2（最终）风场时，均选用默认值。

5.2.3 地理数据

CALMET 需要模拟区域的地球物理数据来表征地形和土地利用，进而分析其对大气扩散的潜在影响。这些数据包括土地利用类型、高程、人为热通量和地表参数，其中，地表参数包括表面粗糙度、反照率、波文率、土壤热通量参数、植被叶面积指数。人为热通量和地表参数采用 CALMET 中的默认值，土地利用类型和高程数据以网格点形式输入。预处理理程序有 TERREL、CTGCOMP、CTGPROC 和 MAKEGEO，都是包括在 CALPUFF 模拟系统内的前处理工具，用于生成地球物理数据。CALMET 生成的地形格点场和土地利用格点场分别如图 5-7 和图 5-8 所示。

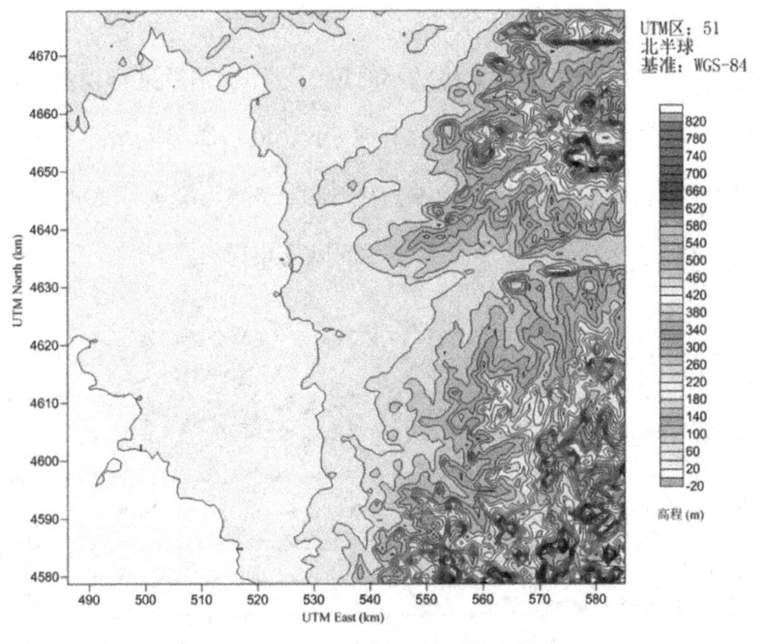

图 5-7 CALMET 地形格点场

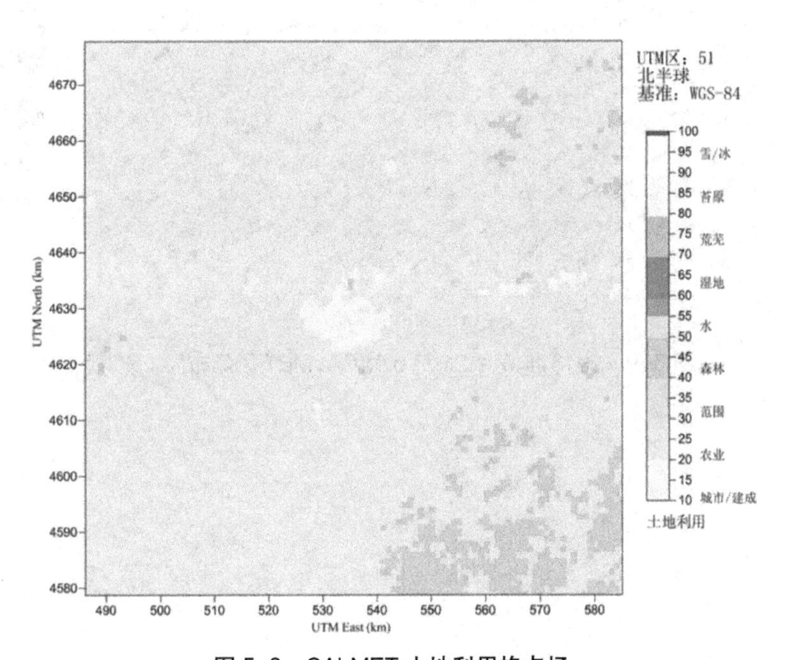

图 5-8 CALMET 土地利用格点场

5.2.4 CALMET 风场评价

首先生成 CALMET 输出文件的小时风矢量图，然后进行视觉评估，以确定某些风格局（如风速和风向、上坡 / 下坡风、局部风循环等）是否受局部土地利用类型和地形特征影响。图 5-9、图 5-10 分别展示了 2013 年模拟区域 SO_2 和 NO_x 落地浓度最大小时的风场布局。

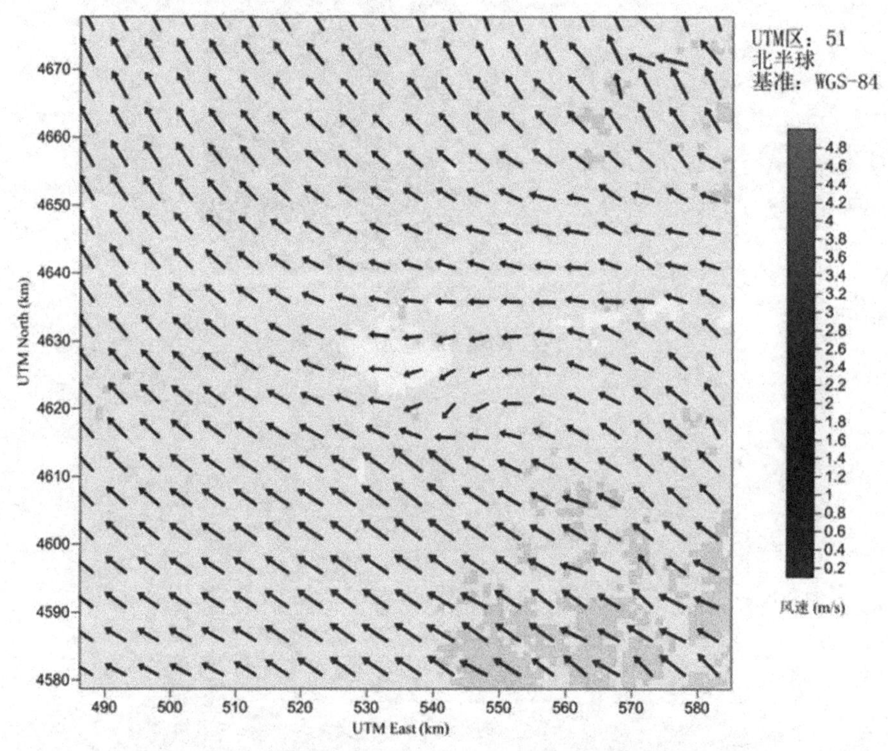

图 5-9　2013 年 5 月 21 日 5 时 CALMET 风场布局（SO_2）

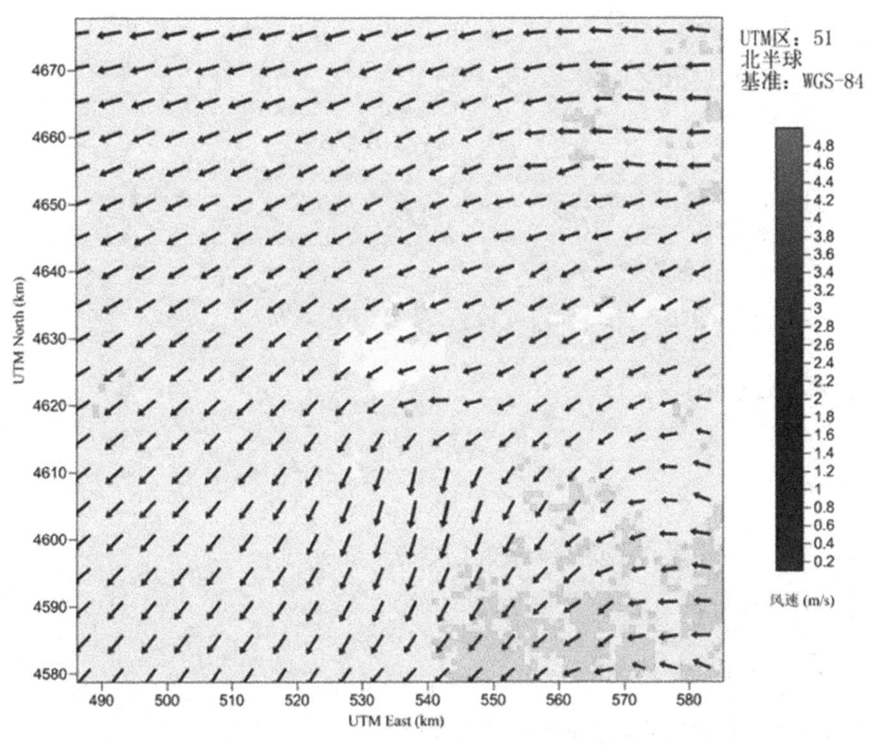

图 5-10 2013 年 5 月 2 日 7 时 CALMET 风场布局（NO_x）

5.2.5 污染源参数

5.2.5.1 污染源排放量计算

本研究中的污染源排放量计算参考《环境统计手册》中的废气及其污染物排放量计算方法。下面列出几个主要的计算公式。

烟气排放量计算公式：

$$Q_y = 1.04\frac{Q_L^y}{4187} + 0.77 + 1.0161(a-1)V_0$$

式中 Q_y——实际烟气排放量（m^3/kg）；

Q_L^y——燃料低位发热值（kJ/kg）；

V_0——理论空气需要量（m^3/kg）；

a——过剩空气系数。

SO_2 排放量计算公式：

$$G_{SO_2}=2\times1000\times S^Y\times P$$

式中 G_{SO_2}——二氧化硫产污系数（kg/t）；

S^Y——燃煤含硫量（%）；

P——燃煤中硫转化率，取 80%。

烟尘排放量计算公式：

$$G_d=\frac{B\times A\times d_{fh}(1-\eta)}{1-C_{fh}}$$

式中 G_d——燃料燃烧时生成的烟尘量（kg）；

B——耗煤量（t）；

A——煤的灰分（%）；

d_{fh}——烟气中烟尘占灰分百分数（%）；

C_{fh}——烟尘中可燃物的百分含量（%）；

η——除尘系统的除尘效率（%）。

NO_x 排放量计算公式：

$$G_{NOx}=1.63\times B\times(\beta\times n+10^{-6}\times V_y\times C_{NOx})$$

式中 G_{NOx}——燃料燃烧时生成的 NO_x（以 NO_2 计）量（kg）；

B——耗煤量（t）；

n——燃料中氮的含量（%）；

β——燃料氮向燃烧型 NO 的转变率，与燃料含氮量 n 有关（%）；

V_y——实际烟气排放量（m^3/kg）；

C_{NOx}——燃料燃烧时生成的温度型 NO_x 浓度（mg/Nm^3）。

5.2.5.2 污染源参数设置

表 5-4 列出了所有污染源的参数。模型中对 44 个烟囱都按点源进行模拟。

表 5-4 三县一市烟囱参数及模型设置

烟囱号	烟囱名称	烟囱高度	海拔	烟囱内径	出口速率	烟气温度	SO_2 排放量	NO_x 排放量	PM10 排放量
		m	m	m	m/s	℃	g/s	g/s	g/s
	新民市烟囱参数及模型设置								
1	新民宏宇热力有限公司	90	47	2	10.23	80	10.298	8.418	11.236
2	新民宏宇热力有限公司	90	49	1.5	15.26	80	9.234	10.443	9.265
3	新民宏宇热力有限公司	90	48	1.7	26.82	80	14.174	12.289	13.298
4	新民宏宇热力有限公司	100	49	2	10.56	80	24.174	18.245	19.265
5	新民宏宇热力有限公司	90	50	1.4	15.69	80	9.211	16.080	7.257
6	新民宏宇热力有限公司	100	52	1.7	28.95	80	20.601	10.232	16.713
7	于楼公用事业处物业四公司	90	49	2.5	24.32	80	19.668	51.266	21.188
8	于楼公用事业处物业四公司	100	47	2	25.14	80	16.067	20.507	24.475
9	于楼公用事业处物业四公司	90	46	2	28.23	80	25.509	15.995	12.727
10	辽宁省投资集团热力供暖有限公司	100	53	2	45.26	80	36.196	80.622	5.096
11	辽宁省投资集团热力供暖有限公司	90	52	3	12.44	80	14.620	8.203	8.527
12	辽宁省投资集团热力供暖有限公司	90	48	2.5	19.87	80	15.777	9.570	10.615
13	辽宁省投资集团热力供暖有限公司	90	49	3	8.89	80	18.464	13.407	10.678
14	沈阳凯丰热力供暖公司	100	46	1.6	32.24	80	20.287	19.252	20.674
15	新民市供热公司	40	45	3	17.22	80	16.239	11.355	12.259

续表

烟囱号	烟囱名称	烟囱高度	海拔	烟囱内径	出口速率	烟气温度	SO_2 排放量	NO_x 排放量	PM10 排放量
		m	m	m	m/s	℃	g/s	g/s	g/s
16	新民市供热公司	45	45	1.5	15.46	80	9.808	4.769	9.285
	辽中县烟囱参数及模型设置								
17	双鼎供暖站	80	52	2.4	14.58	80	6.620	7.203	8.527
18	春阳供暖站	60	49	2.5	25.64	80	12.564	9.236	10.254
19	学府华城供暖站	70	48	1.8	26.45	80	16.245	13.236	15.246
20	世兴供暖站	60	56	2	18.64	80	15.634	12.022	11.302
21	泰和供暖站	45	49	1.4	24.26	80	13.155	7.381	9.936
22	福源供暖站	50	49	3	11.23	80	12.143	11.033	10.776
	康平县烟囱参数及模型设置								
23	铁法煤业（集团）有限责任公司大平煤矿	45	57	1.5	25.83	80	10.518	4.258	0.339
24	铁法煤业（集团）有限责任公司大平煤矿	50	53	1.5	11.56	80	13.487	5.273	8.136
25	铁法煤业（集团）有限责任公司大平煤矿	45	53	2	16.58	80	12.930	24.608	14.685
26	铁法煤业（集团）有限责任公司大平煤矿	45	85	4	24.56	80	19.082	25.280	23.382
27	铁法煤业（集团）有限责任公司小康煤矿	45	54	2	19.25	80	22.918	22.944	24.293
28	铁法煤业（集团）有限责任公司小康煤矿	50	53	5	24.18	80	19.474	24.294	26.433
29	铁法煤业（集团）有限责任公司小康煤矿	50	54	2	24.23	80	20.161	33.631	20.070
30	铁法煤业（集团）有限责任公司小康煤矿	50	49	1.8	19.69	80	12.365	22.214	18.254
31	铁法煤业（集团）有限责任公司小康煤矿	45	52	1.6	12.29	80	16.258	13.631	19.214

续表

烟囱号	烟囱名称	烟囱高度	海拔	烟囱内径	出口速率	烟气温度	SO_2排放量	NO_x排放量	PM10排放量
		m	m	m	m/s	℃	g/s	g/s	g/s
32	辽宁省高速公路管理局康平管理处	20	54	1.8	16.58	80	12.032	14.294	16.433
33	康平县康环脱硫石膏有限公司	20	48	2.0	18.56	80	18.245	21.631	22.321
34	康平县明辉粮油贸易有限公司	20	49	1.8	15.24	80	8.365	12.294	16.234
35	康平县郝官屯九年一贯制学校	20	49	1.6	16.23	80	5.235	7.631	9.070
36	沈阳市三台子车辆配件厂	20	49	1.8	16.58	80	9.568	8.214	10.232
37	康平县供热公司	20	52	2.4	19.58	80	11.235	13.631	11.214
	法库县烟囱参数及模型设置								
38	沈阳宏力供热有限公司	50	52	1.8	25.12	80	15.265	12.214	14.254
39	法库县东盛供暖经营有限责任公司	50	54	1.6	16.23	80	12.699	13.631	14.214
40	沈阳惠天辽北供热有限责任公司	50	49	2.0	18.12	80	20.123	22.214	21.254
41	法库县天阔家园	35	49	2.4	12.58	80	12.354	10.631	13.546
42	法库县三中（惠天供暖）	25	53	1.8	15.23	80	20.321	21.214	19.254
43	法库县佳帝华城	30	52	1.6	16.54	80	10.894	13.631	14.478
44	沈阳顺天房产供热有限公司	30	49	2.2	13.24	80	12.235	13.631	14.265

5.2.6 模拟结果分析

5.2.6.1 SO_2 的模拟结果

表 5-5 显示，模拟区域内 SO_2 的浓度没有超过环境空气质量二级标准。

表 5-5　SO_2 浓度模拟结果

地区	评价时段	最大浓度（μg/m³）	浓度标准（μg/m³）	占标率（%）	达标情况	出现时间	出现位置（km）	
							UTM East	UTM North
新民市	日均浓度	101	150	67.33	达标	2013-01-21	487.349	4648.101
	年均浓度	38	60	63.33	达标	—	486.321	4647.883
辽中县	日均浓度	120	150	80.00	达标	2013-01-21	480.502	4595.156
	年均浓度	52	60	80.67	达标	—	479.576	4595.389
法库县	日均浓度	109	150	72.67	达标	2013-01-21	533.997	4706.053
	年均浓度	54	60	90.00	达标	—	534.221	4706.409
康平县	日均浓度	121	150	80.67	达标	2013-01-21	528.874	4732.189
	年均浓度	56	60	93.33	达标	—	528.751	4731.853

根据模拟结果，绘制出三县一市出现 SO_2 日均浓度最大值时所对应的日均贡献浓度等值线图及年均贡献浓度等值线图，如图 5-11 至图 5-18 所示。

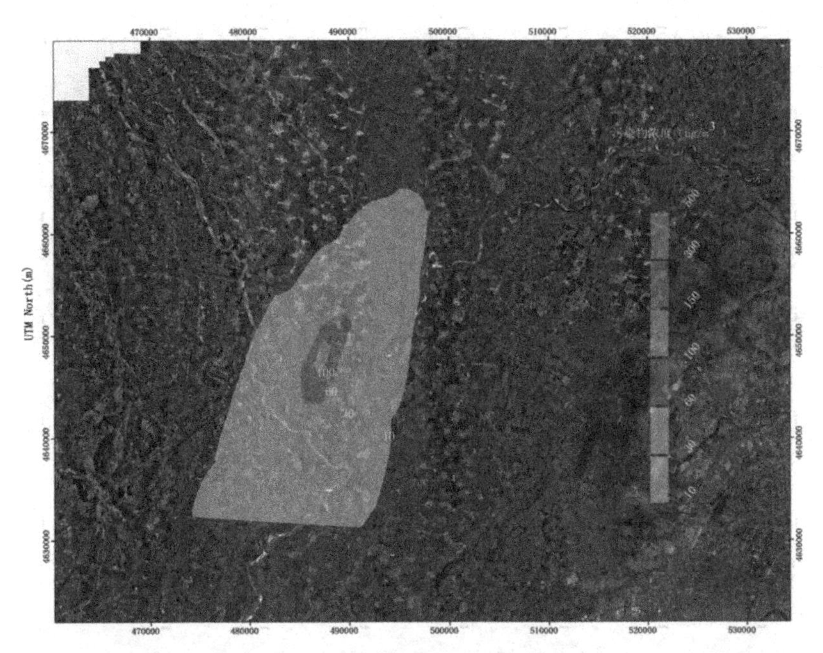

图 5-11　新民市区域典型日 SO_2 日均贡献浓度等值线图（2013 年 1 月 21 日）

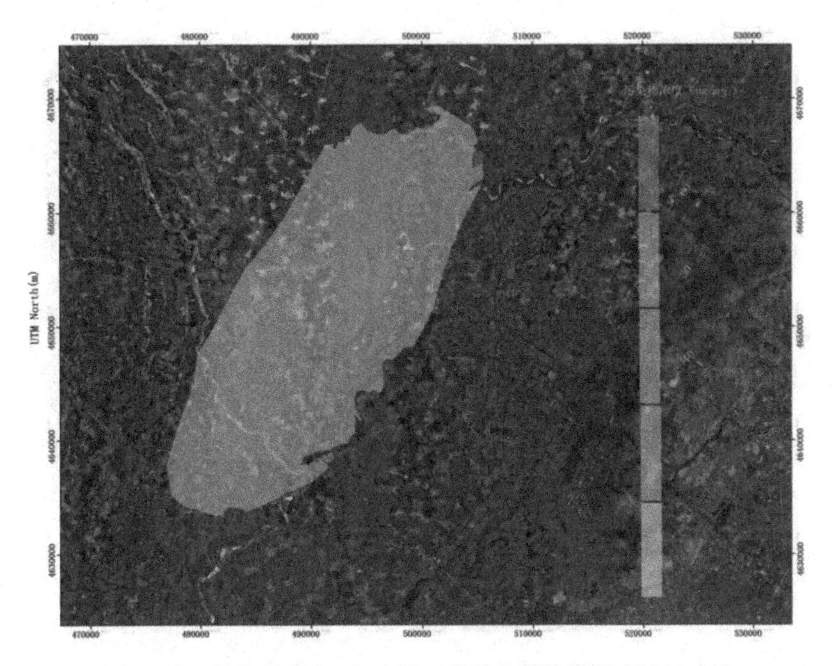

图 5-12　新民市区域 SO_2 年均贡献浓度等值线图（2013 年）

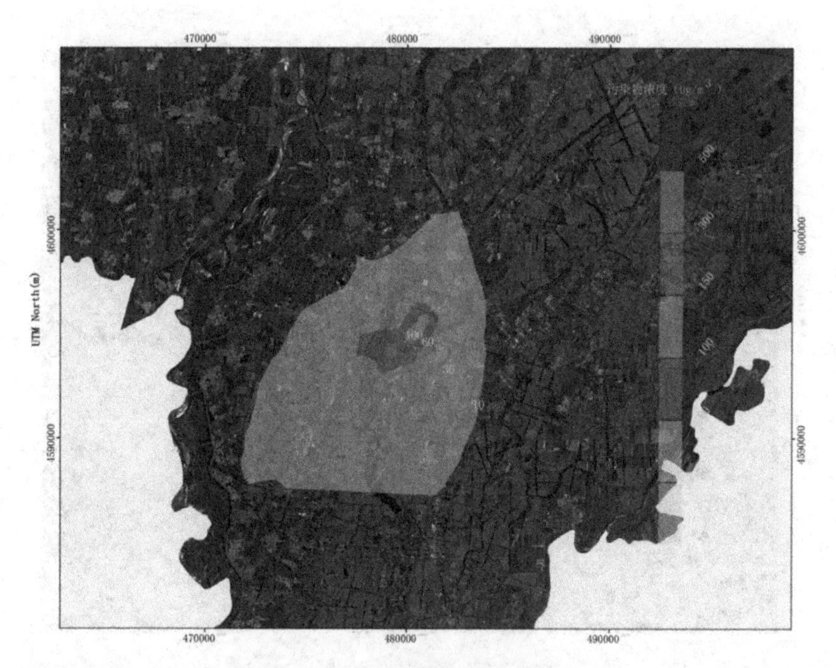

图 5-13 辽中县区域典型日 SO_2 日均贡献浓度等值线图（2013 年 1 月 21 日）

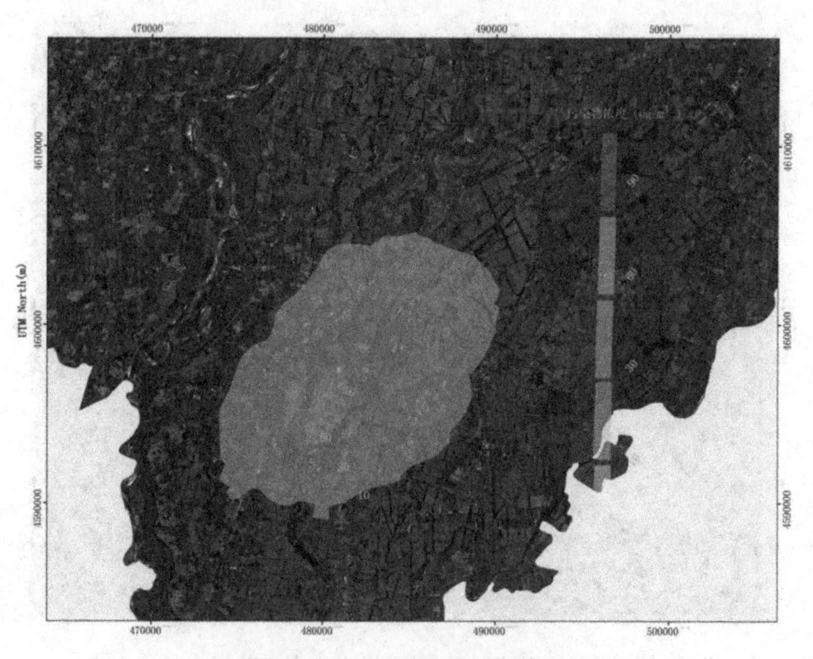

图 5-14 辽中县区域 SO_2 年均贡献浓度等值线图（2013 年）

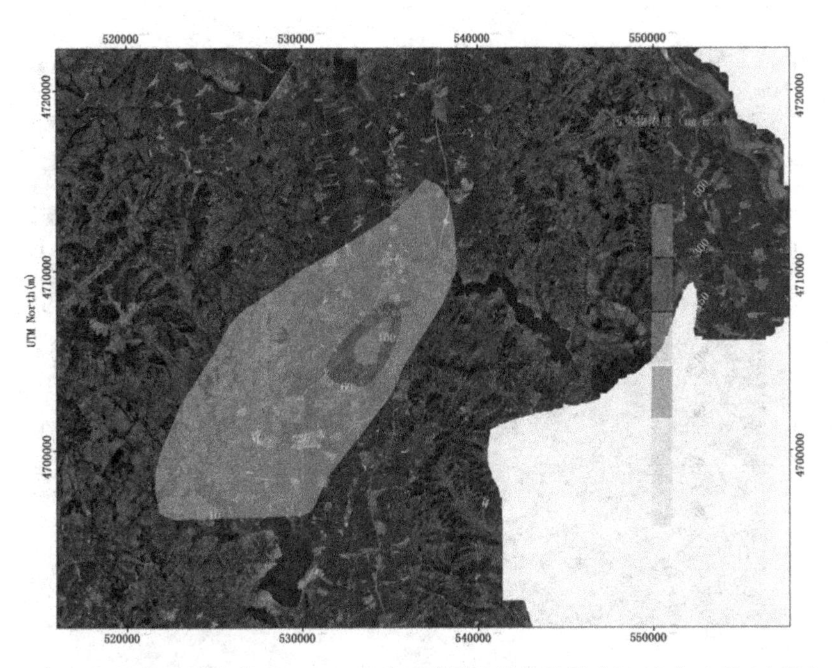

图 5-15　法库县区域典型日 SO_2 日均贡献浓度等值线图（2013 年 1 月 21 日）

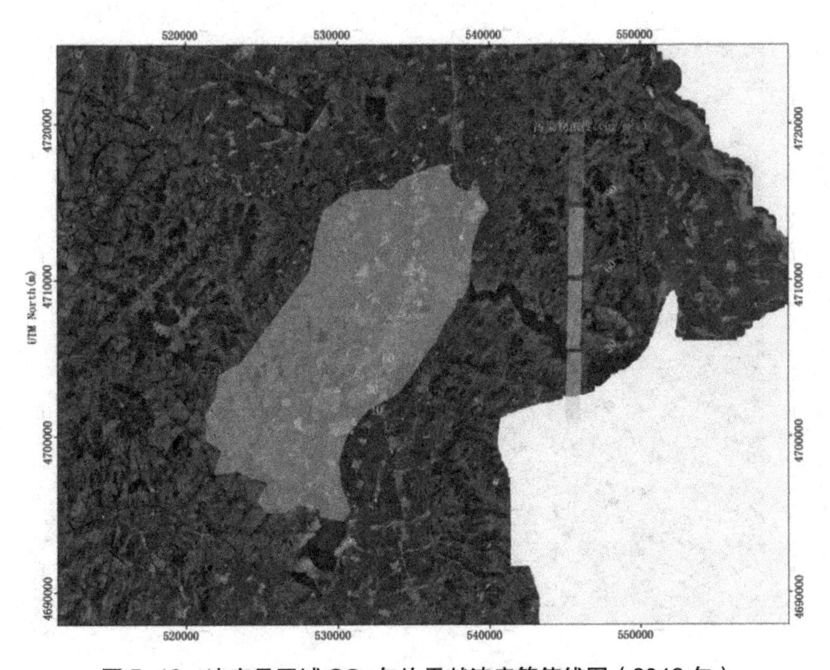

图 5-16　法库县区域 SO_2 年均贡献浓度等值线图（2013 年）

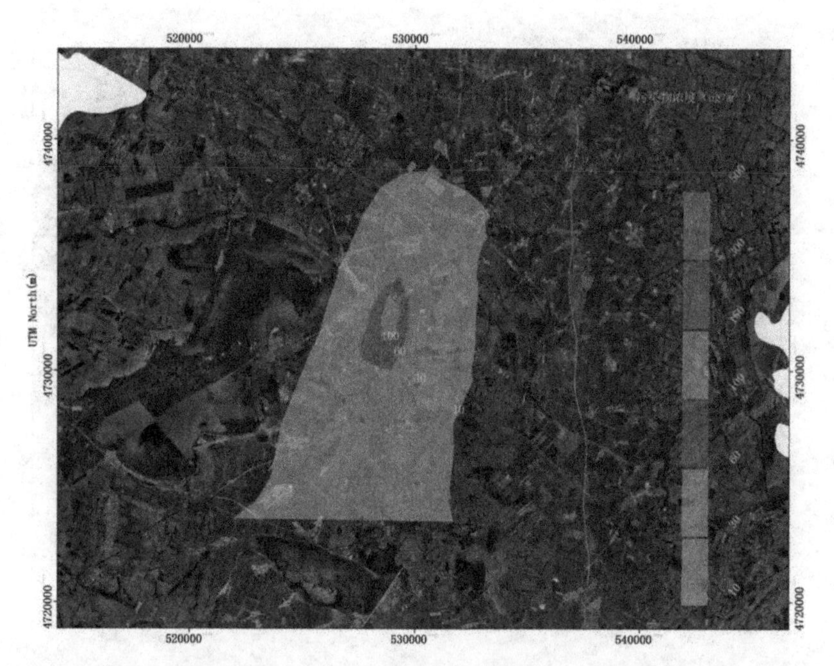

图 5-17　康平县区域典型日 SO_2 日均贡献浓度等值线图（2013 年 1 月 21 日）

图 5-18　康平县区域 SO_2 年均贡献浓度等值线图（2013 年）

5.2.6.2 PM10 的模拟结果

表 5-6 显示，模拟区域内 PM10 的浓度超过环境空气质量二级标准。

表 5-6 PM10 浓度模拟结果

地区	评价时段	最大浓度（μg/m³）	浓度标准（μg/m³）	占标率（%）	达标情况	出现时间	出现位置（km）	
							UTM East	UTM North
新民市	日均浓度	151	150	100.67	不达标	2013-01-21	485.188	4647.954
	年均浓度	98	70	140.00	不达标	—	485.22	4648.221
辽中县	日均浓度	158	150	105.33	不达标	2013-01-21	477.719	4595.287
	年均浓度	80	70	114.29	不达标	—	477.314	4595.203
法库县	日均浓度	152	150	101.33	不达标	2013-01-21	535.335	4706.963
	年均浓度	80	70	114.29	不达标	—	534.327	4706.475
康平县	日均浓度	161	150	107.33	不达标	2013-01-21	528.9	4731.961
	年均浓度	80	70	114.29	不达标	—	528.819	4731.87

根据模拟结果，绘制出三县一市出现 PM10 日均浓度最大值时所对应的日均贡献浓度等值线图及年均贡献浓度等值线图，如图 5-19 至图 5-26 所示。

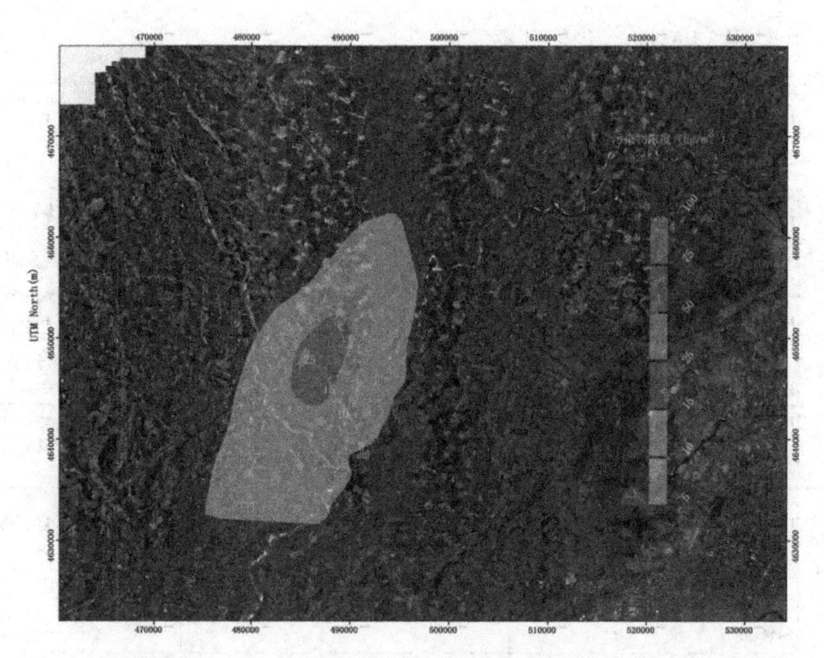

图 5-19　新民市区域典型日 PM10 日均贡献浓度等值线图（2013 年 1 月 21 日）

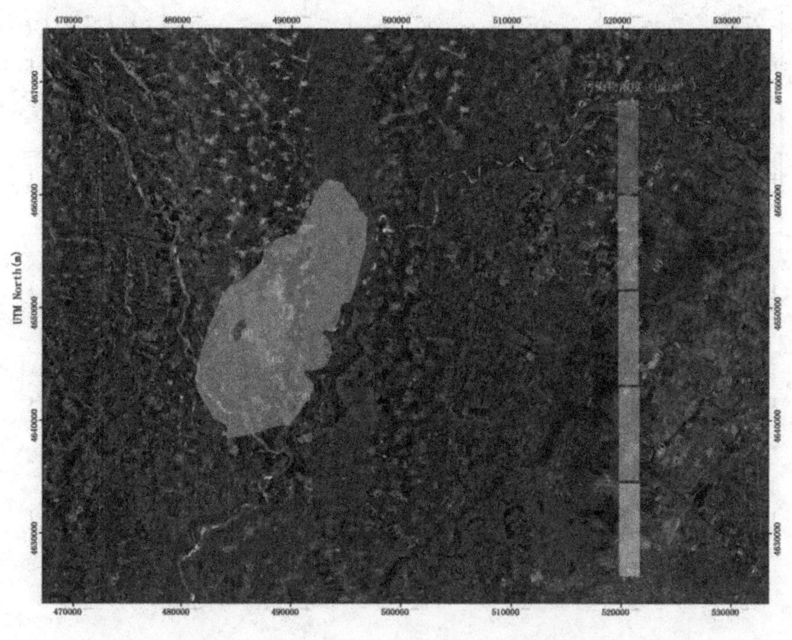

图 5-20　新民市区域 PM10 年均贡献浓度等值线图（2013 年）

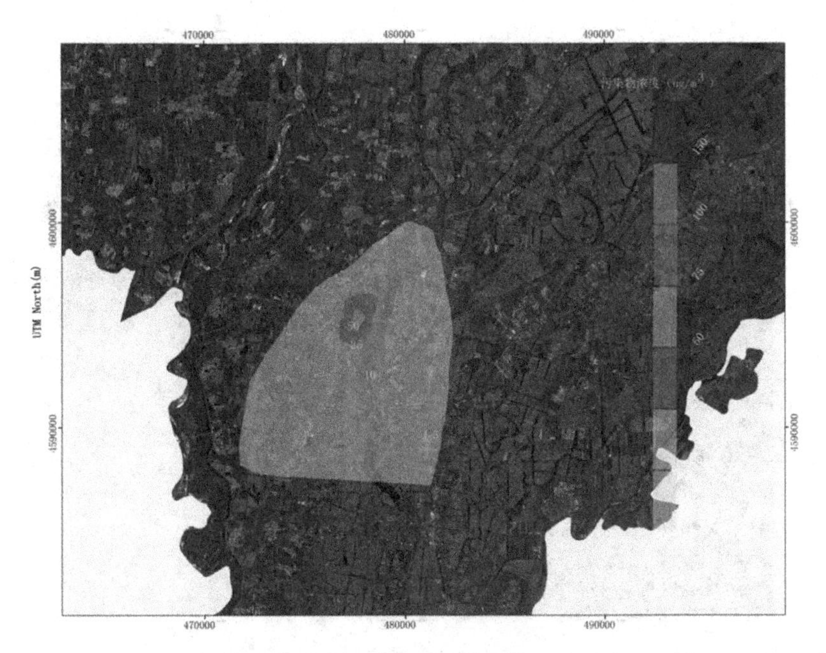

图 5-21　辽中县区域典型日 PM10 日均贡献浓度等值线图（2013 年 1 月 21 日）

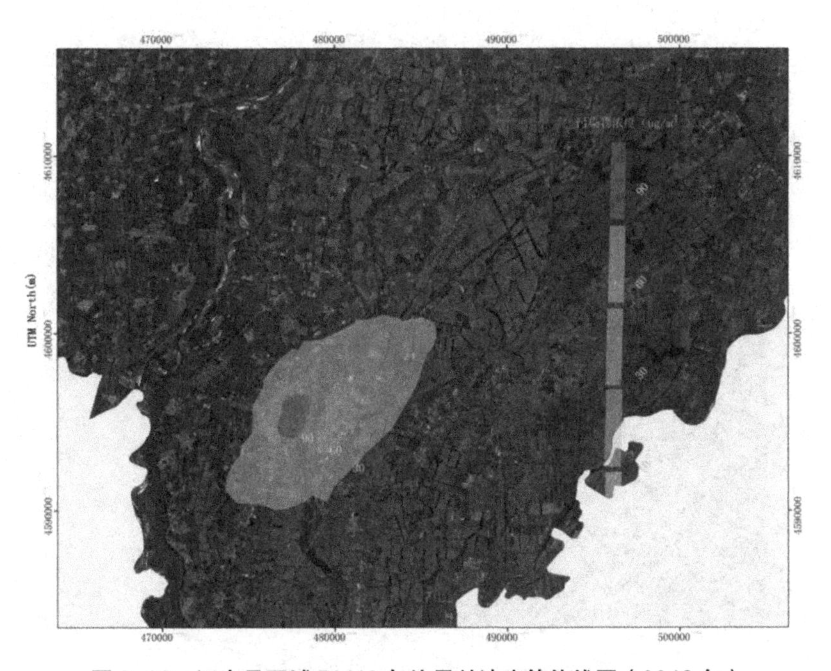

图 5-22　辽中县区域 PM10 年均贡献浓度等值线图（2013 年）

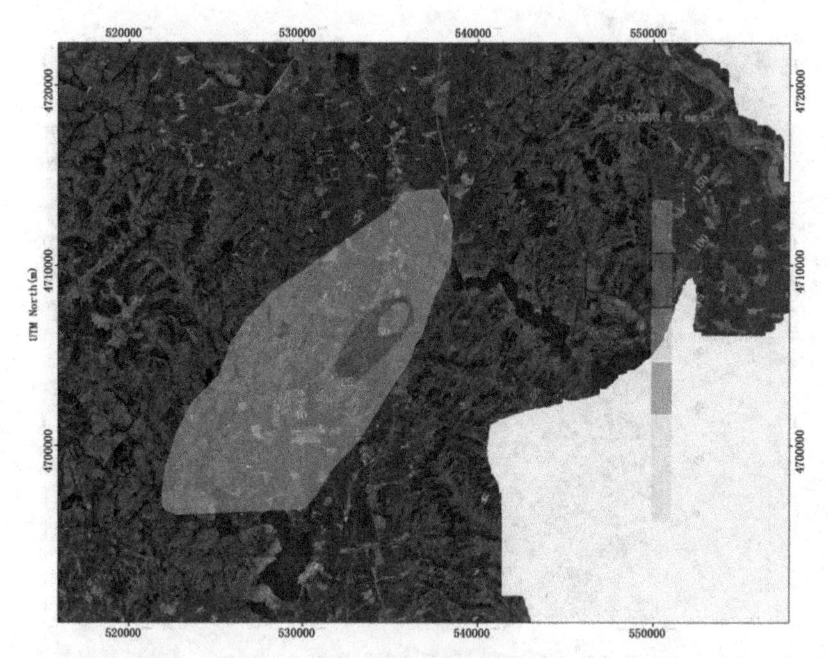

图 5-23　法库县区域典型日 PM10 日均贡献浓度等值线图（2013 年 1 月 21 日）

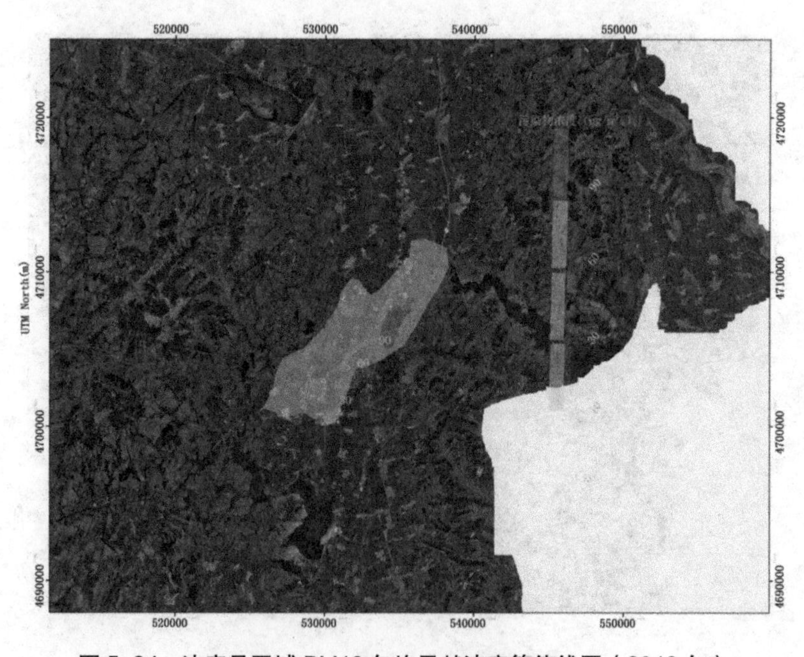

图 5-24　法库县区域 PM10 年均贡献浓度等值线图（2013 年）

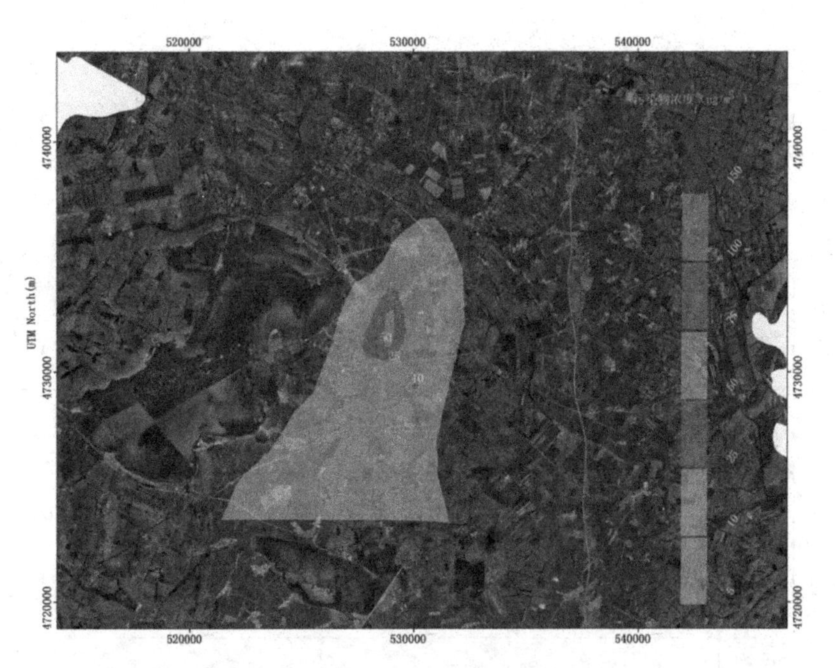

图 5-25 康平县区域典型日 PM10 日均贡献浓度等值线图（2013 年 1 月 21 日）

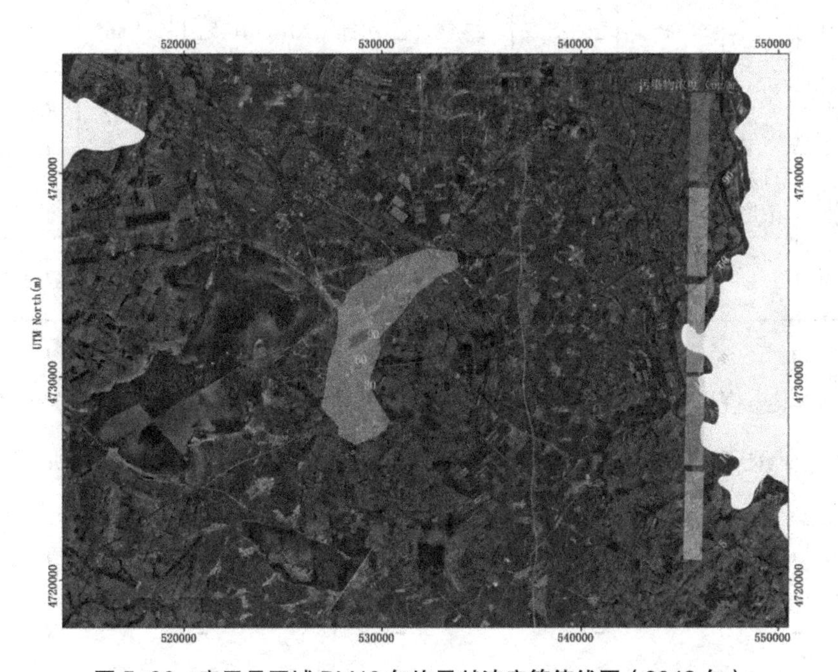

图 5-26 康平县区域 PM10 年均贡献浓度等值线图（2013 年）

5.2.6.3 NO_x 的模拟结果

表 5–7 显示，模拟区域内 NO_x 的日均最大浓度没有达到环境空气质量二级标准，年均浓度达到环境空气质量二级标准。

表 5–7 NO_x 浓度模拟结果

地区	评价时段	最大浓度（μg/m^3）	浓度标准（μg/m^3）	占标率（%）	达标情况	出现时间	出现位置（km）	
							UTM East	UTM North
新民市	日均浓度	81	80	101.25	不达标	2013–01–21	487.295	4647.361
	年均浓度	35	40	87.50	达标	—	486.575	4846.56
辽中县	日均浓度	92	80	115.00	不达标	2013–01–21	480.399	4595.205
	年均浓度	38	40	95.00	达标	—	479.854	4595.648
法库县	日均浓度	98	80	122.50	不达标	2013–01–21	534.565	4706.629
	年均浓度	36	40	90.00	达标	—	533.93	4705.8
康平县	日均浓度	104	80	130.00	不达标	2013–01–21	528.905	4732.285
	年均浓度	39	40	97.50	达标	—	528.717	4732.175

根据模拟结果，绘制出三县一市出现 NO_x 日均浓度最大值时所对应的日均贡献浓度等值线图及年均贡献浓度等值线图，如图 5–27 至图 5–34 所示。

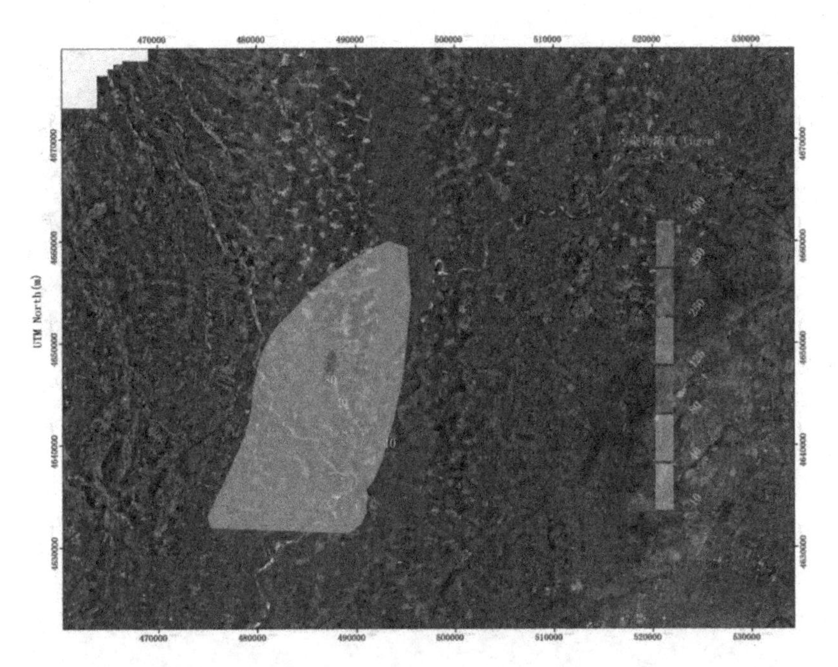

图 5-27　新民市区域典型日 NO_x 日均贡献浓度等值线图（2013 年 1 月 21 日）

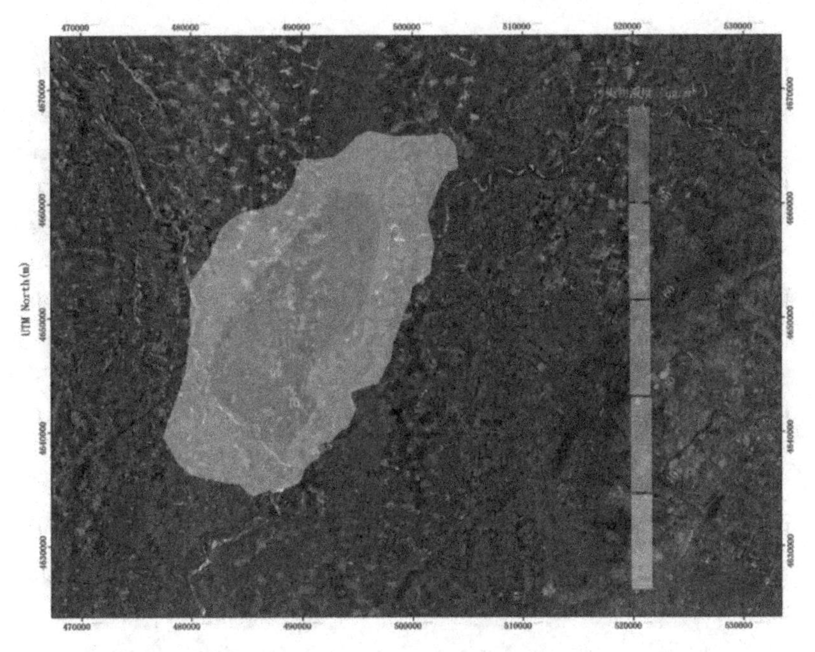

图 5-28　新民市区域 NO_x 年均贡献浓度等值线图（2013 年）

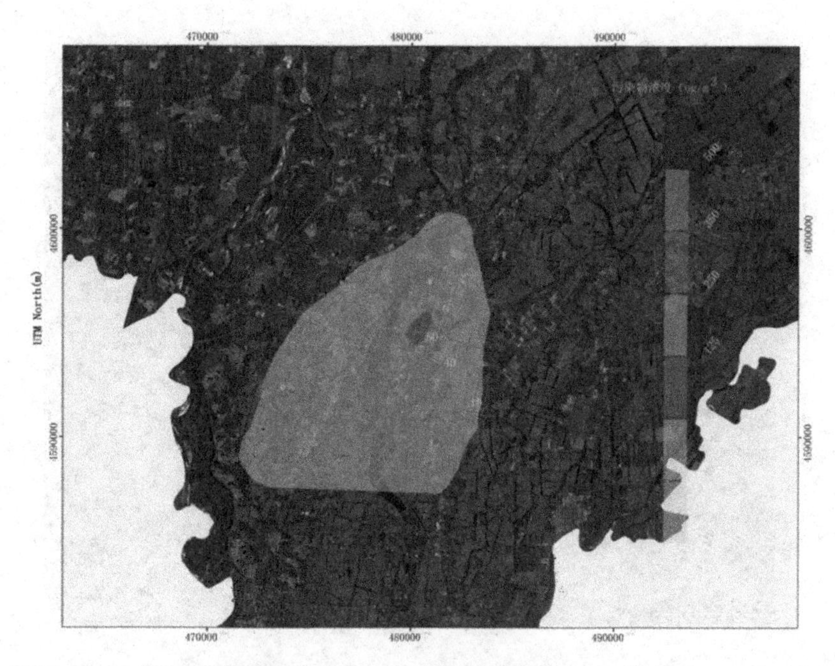

图 5-29　辽中县区域典型日 NO_x 日均贡献浓度等值线图（2013 年 1 月 21 日）

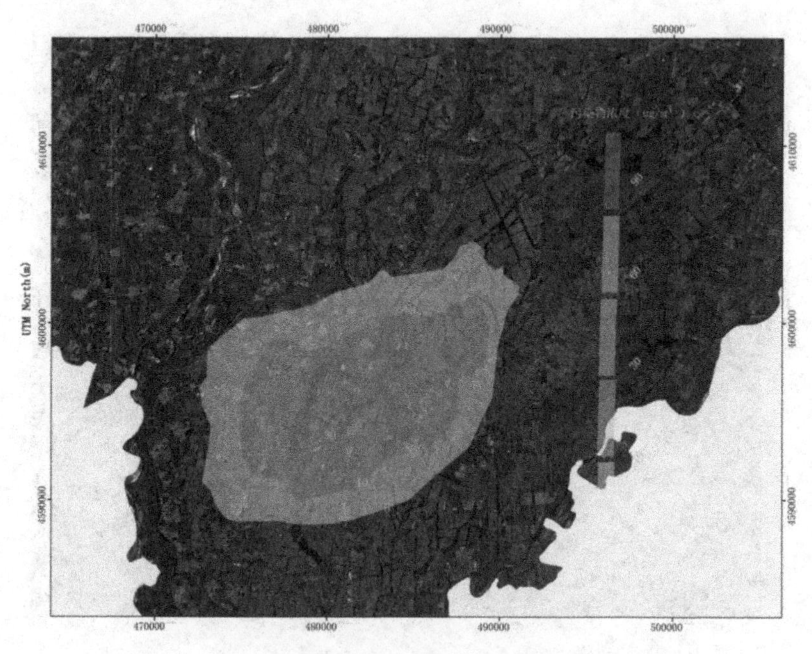

图 5-30　辽中县区域 NO_x 年均贡献浓度等值线图（2013 年）

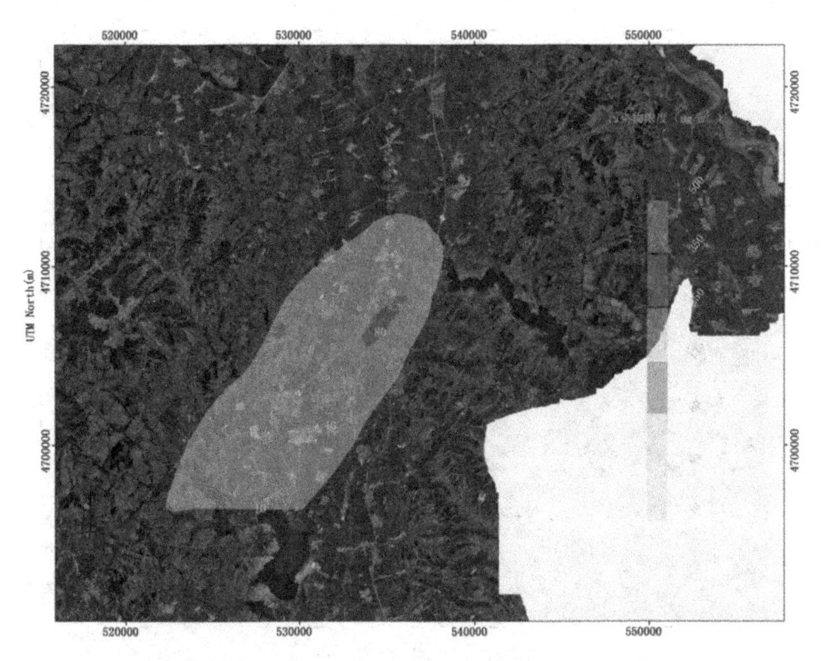

图 5-31　法库县区域典型日 NO_x 日均贡献浓度等值线图（2013 年 1 月 21 日）

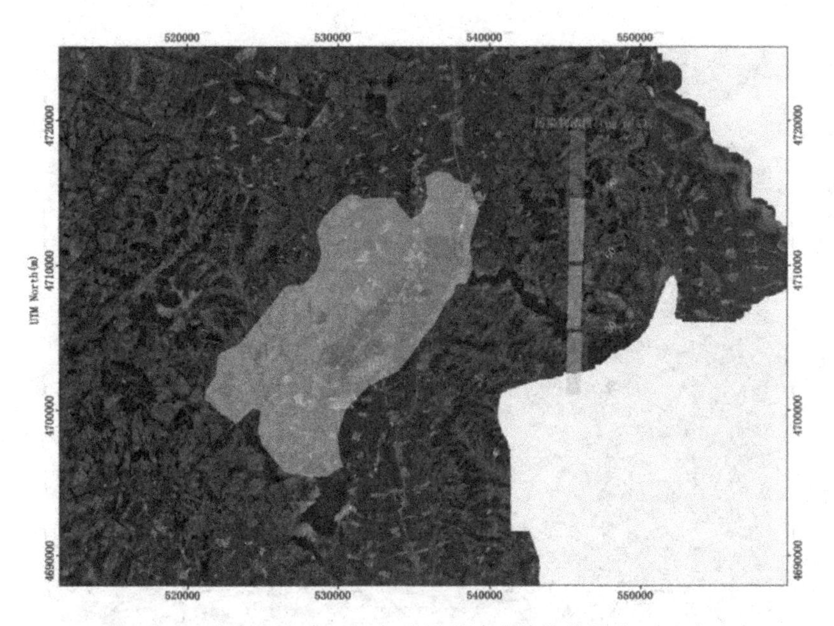

图 5-32　法库县区域 NO_x 年均贡献浓度等值线图（2013 年）

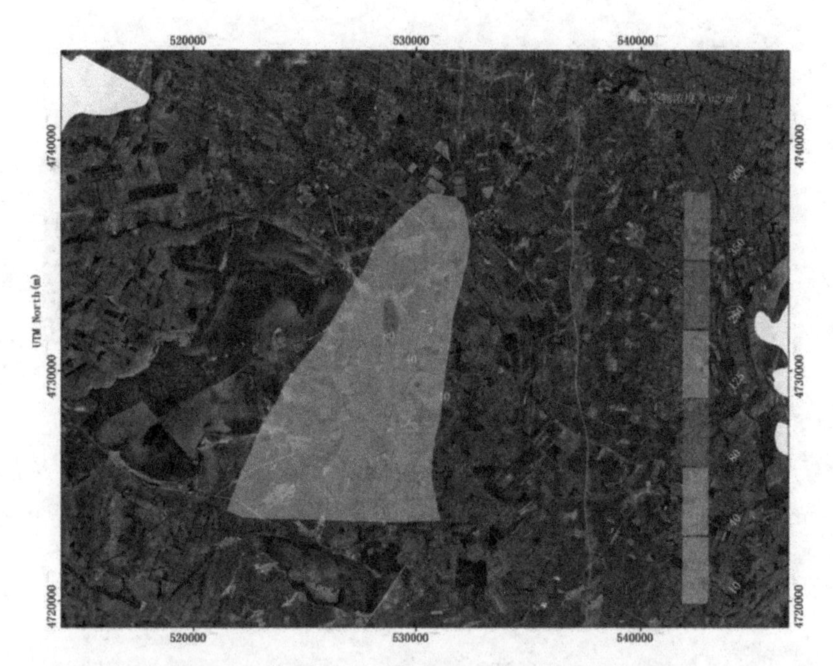

图 3-33 康平县区域典型日 NO_x 日均贡献浓度等值线图（2013 年 1 月 21 日）

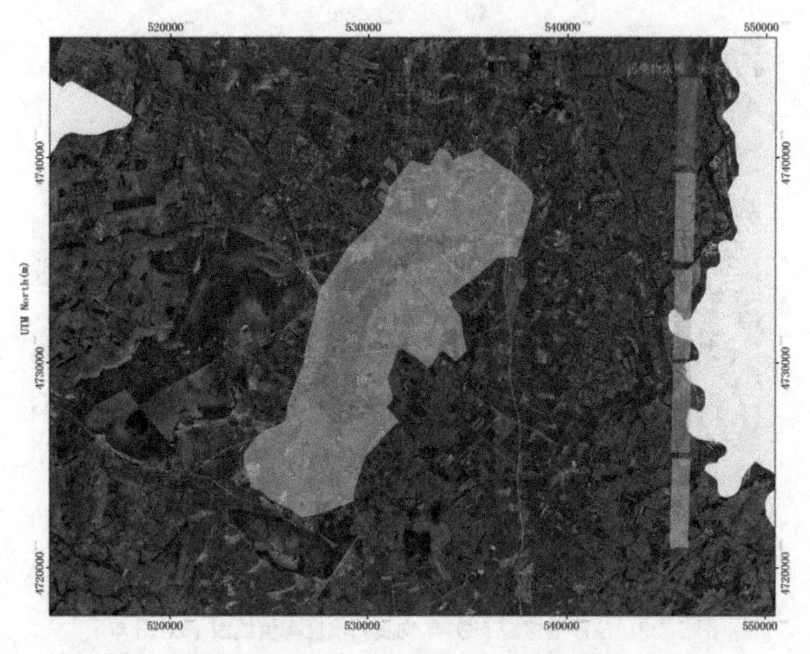

图 5-34 康平县区域 NO_x 年均贡献浓度等值线图（2013 年）

由表 5-5 可知，新民市 SO_2 的典型日均浓度及年均浓度分别为 101 μg/m³、38 μg/m³，占标率分别为 67.33%、63.33%；辽中县 SO_2 的典型日均浓度及年均浓度分别为 120 μg/m³、52 μg/m³，占标率分别为 80.00%、80.67%；法库县 SO_2 的典型日均浓度及年均浓度分别为 109 μg/m³、54 μg/m³，占标率分别为 72.67%、90.00%；康平县 SO_2 的典型日均浓度及年均浓度分别为 121 μg/m³、56 μg/m³，占标率分别为 80.67%、93.33%。三县一市 SO_2 的浓度均达到环境空气质量二级标准。

由表 5-6 可知，新民市 PM10 的典型日均浓度及年均浓度分别为 151 μg/m³，98 μg/m³，占标率分别为 100.67%、140.00%；辽中县 PM10 的典型日均浓度及年均浓度分别为 158 μg/m³、80 μg/m³，占标率分别为 105.33%、114.29%；法库县 PM10 的典型日均浓度及年均浓度分别为 152 μg/m³、80 μg/m³，占标率分别为 101.33%、114.29%；康平县 PM10 的典型日均浓度及年均浓度分别为 161 μg/m³、80 μg/m³，占标率分别为 107.33%、114.29%。三县一市 PM10 均未达到环境空气质量二级标准，且占标率较大，对环境造成显著影响。

由表 5-7 可知，新民市 NO_x 的典型日均浓度及年均浓度分别为 81 μg/m³、35 μg/m³，占标率分别为 101.25%、87.50%；辽中县 NO_x 的典型日均浓度及年均浓度分别为 92 μg/m³、38 μg/m³，占标率分别为 115.00%、95.00%；法库县 NO_x 的典型日均浓度及年均浓度分别为 98 μg/m³、36 μg/m³，占标率分别为 122.50%、90.00%；康平县 NO_x 的典型日均浓度及年均浓度分别为 104 μg/m³、39 μg/m³，占标率分别为 130.00%、97.50%。三县一市 NO_x 年均浓度达到环境空气质量二级标准，但典型日均浓度未达到环境空气质量二级标准，对环境造成很大影响。

6 环境空气质量影响因素及管理框架与途径

6.1 环境空气质量影响因素

三县一市环境空气质量与其能源结构、气象条件等因素密切相关，采暖期以燃煤燃烧形成的烟尘污染为主，非采暖期以土壤风沙尘、建筑尘等扬尘污染为主。影响三县一市环境空气质量的主要因素如下。

6.1.1 气象条件

在污染物排放水平相当的情况下，气象条件对环境空气质量的影响最大。能够影响环境空气质量的气象条件主要包括空气的运动和风、湍流、逆温、大气稳定度等。

一般来说，降水可以冲刷环境空气中的各种污染物，降低颗粒物浓度，但是在降水量比较小时，如毛毛雨天气，可吸入颗粒物浓度有时反而会上升。温度变化会影响冷暖气团的变化，当温度变化剧烈时，环境空气质量也会发生很大的变化。风速与污染物浓度有较为显著的负相关关系，在静风或微风时不利于污染物的扩散，特别是当天气连续晴好、风速也不大时，污染物浓度将会急剧上升，同时逆温天气也容易出现高污染。

三县一市在强冷空气过境及大风、降雨等有利气象条件下，环境空气质量相对较好；而在逆温、烟雾等不利气象条件下，环境空气质量相对较差。

6.1.2 能源结构

三县一市能源结构不合理，并且能源利用率及利用水平较低。清洁能源所占比例小，煤炭用量仍占能耗总量的70%左右，且各种排放源的排放高度低，造成低空面源空气污染较重，城市点源（特别是中低架源）污染物（SO_2、NO_2、尘）排放总量仍大于环境容量。

6.1.3 地形地貌

在盆地和山谷地形内，近地面的空气污染物不易扩散，容易发生大规模的空气污染事件。例如，法库县处于辽北地区，城镇在一个盆地位置，使得污染物不易扩散。

6.1.4 外来沙尘

新民市位于辽河平原中部，属中温带大陆性季风气候，柳河、绕阳河将大量粉砂从内蒙古科尔沁沙地输送至此，经过风力搬运，成为降尘和可吸入颗粒物生成的主要因素。

辽中县春季盛行西南大风，加之表层土壤解冻，失水严重，土质疏松，没有植被覆盖，导致春季降尘污染严重。

康平县地处内蒙古科尔沁沙地东南缘，受其影响，当地风沙较大，降水量少，特别是在植物非生长季节，由于地面裸露较多，随风就地起沙、起尘现象颇为严重，因此造成康平县春、秋季节降尘量大。

6.1.5 燃煤与机动车尾气

三县一市采暖季以燃煤燃烧形成的烟尘污染为主。根据三县一市颗粒物源解析结果，非采暖季燃煤源对大气中PM2.5的贡献率为32.6%，机动车尾气源的贡献率为19.9%。另外，2013年三县一市机动车保有量已突破11万辆，尾气排放对环境空气的影响逐渐加剧。据估测，机动车尾气排放对颗粒物的贡献达到 8%~10%，并随机动车保有量的增加而增加。

6.1.6 建筑施工扬尘

城市化进程的加速使三县一市房地产开发、旧城和道路改造力度进一步加大，施工工地不断增多。因此，建筑施工扬尘已经成为三县一市城区环境空气中可吸入颗粒物的主要来源之一。另外，由于施工不文明、城市保洁水平低等，建筑施工扬尘和道路二次扬尘对颗粒物的贡献依然很高。

6.1.7 城市生态

据研究，1hm^2 绿地每年可吸收 $SO_2$171kg，可吸收 $CO_2$365t，可滞留降尘 1.518t。[①] 目前，三县一市城市生态、绿化结构配置不够合理，城市绿化率与城市性质、定位相比仍然偏低，从而影响了环境空气质量。

6.2 环境空气质量管理框架

环境空气质量管理的一个重要原则就是注重技术措施和管理措施相结合。图 6–1 所示的环境空气质量管理框架展示了行政、法律、经济和技术等管理手段之间的关系。

在环境空气质量管理框架中，占主要部分是由排放清单、环境空气质量监测、环境空气质量模型等技术工具组成的技术框架。下面对这些工具进行介绍。

6.2.1 排放清单

排放清单是从排放源的角度对污染物的排放进行数量上的统计。空气污染的排放源主要可分为三类：点源，如主要工业区的烟囱；线源，如主干道路上的机动车；面源，如露天燃烧的固体废物。按照空气污染物的不

① 李锋，王如松．北京市绿化隔离地区绿地的生态服务功能及调控对策［J］. 北京规划建设，2003（Z）：199.

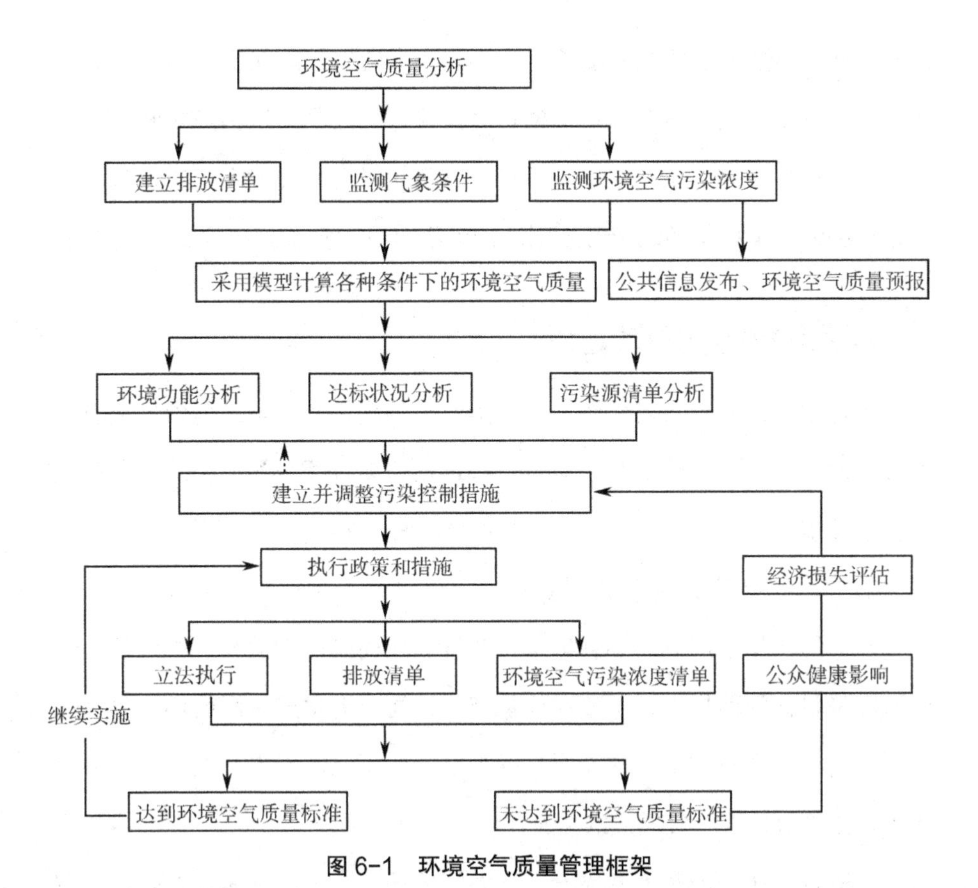

图 6-1 环境空气质量管理框架

同，排放清单有很多种，如温室气体排放清单、机动车尾气排放清单、有毒有害物质排放清单等。

6.2.2 环境空气质量监测

环境空气质量监测是获得环境空气中污染物浓度最直接也是最主要的手段，可以客观反映环境空气污染对人类生活环境的影响。环境空气质量监测不仅是为了收集数据，还可以为政策和战略的制定、目标的设置和项目达标率的评定等提供必要的科学依据。

6.2.3 环境空气质量模型

环境空气质量模型基于输入的气象数据和污染源信息（如排放率、烟囱高度等），通过数学方法来模拟影响大气污染物扩散和反应的物理和化学过程。环境空气质量模型可以模拟直接排入大气的一次污染物和由复杂的化学反应形成的二次污染物。环境空气质量模型对环境空气质量管理是非常重要的，可以帮助制定有效削减污染物排放的政策。

6.3 环境空气质量管理途径

环境空气污染的复杂性体现为污染源、污染物和污染过程均呈现出多种多样的形式，因此环境空气质量管理也需要多种手段相结合。为实现三县一市环境空气质量达标，应从以下几个方面入手。

6.3.1 优化产业结构和布局

产业结构是指产业内部各部分、各行业之间的比例关系。在保证实现区域经济目标的前提下，调整和优化产业结构，淘汰严重污染环境空气的工业设备，发展清洁工业和能源，减少浪费，可以从根本上控制工业企业污染物排放对环境空气质量的损害。

在进行产业布局时，需要考虑到大气的环境容量。例如，工矿企业在选择厂址时应该考虑到地形和气象条件，尽量选择有利于污染物扩散和稀释的位置，实现合理布局。

对产业结构和产业布局进行管理的重要手段就是组织实施环境影响评价，充分分析、预测、评估和论证其可能对环境空气质量造成的危害，以期达到经济、社会和环境效益相统一。

6.3.2 合理规划城市建设

在城市规划建设上，应根据城市的具体情况、国家相关法律法规和环境空气质量标准，建立科学合理的城市分区。充分利用有利的地形地势、气象条件和大气的自净能力等降低空气中污染物的浓度，并种植树木草坪。

6.3.3 对污染源进行监控

应对空气污染源进行合理的分类并制定专门的监控措施，尤其是对于污染数量大的污染源和毒性较大的污染源等，必须严格监控，确保其排放达到国家或地方规定的污染物浓度标准。

6.3.4 实行容量总量控制

对空气污染物的排放进行总量控制，就是针对某一地区，计算出该地区内所有污染源允许排放空气污染物的总量，然后分配到各污染源进行单独控制，以此来达到该地区的环境空气质量目标。在进行总量控制时，应尽可能考虑到本地区的环境容量，即实行容量总量控制。

6.3.5 建立环境空气质量预报 / 报告制度

环境空气质量预报是针对可能出现的环境空气质量进行报告，可以更好地反映环境空气污染变化的趋势，使社会有关方面及时了解可能出现的空气污染情况。环境空气质量报告则是主要依靠环境空气质量自动检测系统连续监控得出的实时数据，经过中心控制室数据处理和计算后得出空气污染指数（API）并向社会公布。

环境空气质量预报 / 报告制度可以为环境空气质量管理决策提供及时、准确和全面的信息，同时有利于环境信息公开，促进公众参与，也是环境质量管理工作与国际接轨的标志。

7 环境空气质量达标与经济发展优化研究

沈阳三县一市区域大气污染主要是燃煤污染，缓解区域经济快速增长与环境空气质量的矛盾，其根本出路在于加强技术进步，发展高新技术产业，积极推行低碳经济，采用以低能耗、低污染、低排放为基础的经济模式，通过产业结构调整、技术创新、新能源开发等多种手段与措施，尽可能地减少煤炭、石油等高污染能源消耗，减少温室气体排放，达到经济社会发展与生态环境保护双赢。具体来说，优化经济发展模式应做好以下几方面工作。

7.1 调整经济结构，提升环保低碳产业占比

绿色经济产业主要有环保产业、节能产业、减排产业和清洁能源产业，涉及污水及固体废物处理、余热回收发电、混合动力汽车、清洁燃煤、新能源开发利用、智能电网业务等，这些均是今后一个时期经济发展的热点。无论哪一行业，低碳经济的发展都将对产业结构调整带来深远的影响。例如，低碳农业将降低对石化能源的依赖，呈现有机、生态、高效的特点；低碳工业将减少对能源的依赖，提升电气、电子产业的发展速度；低碳物流将促进减排物流路线的发展，提高物流效率；低碳服务市场将促进低碳旅游服务、低碳餐饮服务发展。发展低碳经济是调整三县一市

产业结构的重要途径，是优化三县一市能源结构的具体措施，是实现三县一市经济跨越式发展的可能路径，是三县一市未来发展的前瞻性选择。具体措施如下。

一是大力推进工业低碳化，降低环境污染物排放，推行绿色制造。采取行政推动和市场调节“双轮驱动”的办法，果断淘汰落后产能，对高污染、高消耗的企业实行转产。通过财政、信贷等多种途径，鼓励发展清洁的新能源、可再生能源，以及低能耗、低污染的产业和产品，推进区域循环经济的发展。

二是加快产业结构调整，使现代服务业成为拉动经济增长的主要力量。逐步降低重化工业在国民经济中的比重，培育发展新兴产业和高技术产业，如节能环保产业、电子信息产业、技术密集型制造业等。

三是优化能源结构，发展利用清洁能源。着眼于三县一市的经济与社会实际，逐步降低煤炭消费比例，以新能源与可再生能源发展为主要突破口，加快能源结构优化调整步伐。关注太阳能、地热能、生物质能等清洁能源的使用，通过安装城市屋顶系统促进太阳能光伏产业的发展，鼓励生活垃圾、秸秆发电发展及农村沼气利用；做好传统煤、石油的能源转换工作，关注洁净煤技术，逐步提高油、气比例。

四是注重循序渐进，稳步发展。在调整产业结构的过程中，要先进行试点，以点带面，指导三县一市完成高能耗、重污染行业的改造，形成最佳的环保低碳之路。

7.2 推进技术研发，通过创新驱动经济发展

随着国家创新战略的实施，三县一市应推进环保、绿色、低碳新技术研发，积累后发优势，在实现高经济效益的同时，降低环境污染风险。

技术创新主要以企业活动为基础，企业的创新活动需要政策引领。在市场经济条件下，应明确企业自主经营、自负盈亏的经济主体地位，规范市场秩序，保证高新技术产业发展不受恶性竞争影响。围绕发展环保、绿色、低碳高新技术，抢占技术研发与利用的制高点，三县一市要着重提高政府对高新技术的管理水平，大规模推广应用环保、绿色、低碳技术，如先进能效技术、太阳能技术、热电技术等。加快节能环保技术进步，积极推进以节能减排为主要目标的设备更新和技术改造，引导企业采用有利于节能环保的新设备、新工艺、新技术。加强废弃资源的综合利用和清洁生产，大力发展循环经济和节能环保产业。

7.3 壮大龙头企业，发挥优势企业低污染排放的示范作用

应依托高经济效益、低环境污染的高新技术企业和示范基地，打造三县一市具有影响力的环保、绿色、低碳龙头企业示范群，提高区域企业的经济效益和社会效益。

一是制定区域主导产业发展规划。主导产业的高技术带动作用对区域产业结构调整具有深远的影响，有助于实现新的产业行业整合。应围绕三县一市的实际和特色，科学制定区域主导产业发展规划，注重统筹兼顾，突出重点，并及时补充修正，保证方向正确。

二是加大政策优惠力度。三县一市应出台一系列产业、金融、财税优惠政策，加大政府对优势产业和龙头企业的扶植力度，让低碳企业真正得到实惠。

三是加大研发投入，注重集体攻关。采取政府公共财政投入和企业商业化投入相结合的办法，加快优势产业研发步伐。鼓励自主创新和合作引进，成立合同能源管理指导委员会，实现政府指导、市场运作。

四是用好金融信贷杠杆，发挥把关作用。对高耗能、高污染行业及时进行调控，利用资金杠杆促使企业进行技术改造，从而走上低碳、节能、环保的良性发展轨道。对新型环保等行业，在风险可控的前提下，通过示范作用，给予资金投放倾斜。

五是健全环保政策体系，加强执法监督。完善并严格执行能耗和环保标准，新上项目必须进行能源消耗审核和环境影响评价。健全环保执法监督体系，坚决有效处理各种违法违规行为。

7.4 广泛开展宣传，形成社会公众绿色发展共识

绿色发展是一种正在兴起的经济形态和发展模式，也是农业经济、工业经济发展之后必然经历的经济发展阶段，包含环保产业、低碳技术、环保服务等诸多新内容。绿色发展通过大幅度提高能源利用效率，大规模使用可再生能源，大范围研发环境空气污染物减排技术，在促进经济发展的同时，有效改善区域环境空气质量。

绿色发展是一场涉及生产方式、生活方式、价值观念、国家权益和人类命运的全球性革命。三县一市发展绿色经济，首先要培育公众的绿色发展理念，用绿色理念集中智慧，统一思想，导航经济与社会发展方向。

一是培育绿色理念。要引导公众认清绿色经济生活的重要性和必要性。引导企业认清环保、低碳等高技术产品是占领未来市场的最佳选择，是企业发展的方向。引导政府职能部门认清自身在减少环境污染物排放、实现经济可持续发展方面的重要责任。

二是发挥宣传媒体的“播绿”作用。充分发挥新闻媒体在绿色经济发展中的引导和监督作用，营造低碳企业发展的良好氛围。

三是组织企业和学校开展绿色经济发展的常识培训。有计划地组织企

业管理层员工参加环保知识培训，强化绿色发展理念。学校开设“环保课堂”，使每个学生感知到环保就在自己身边，增强绿色意识。

四是广泛开展绿色创建活动。把发展低碳经济作为三县一市经济社会发展的战略目标，深入开展绿色机关、绿色社区、绿色学校的创建活动，通过龙头企业、产业集群的示范作用，带动形成绿色创建的竞争局面。

五是树立绿色发展的过硬典型。沈阳经济技术开发区走节能减排、循环再利用的低碳经济之路，创造“绿色 GDP”，实施“市场配置环境资源，经济杠杆撬动节能减排”的新机制，对高污染、高耗能项目实行“信贷封杀”。对于这些做法，应予以大力宣传。

六是培养公众的绿色时尚追求和高雅文明习惯。倡导绿色理念，就要点滴培养公众的“绿色行为”，引导公众戒除以高耗能为代价的“便利消费”和“一次性”用品消费，戒除以大量消耗资源、大量排放温室气体为代价的“面子消费”和“奢侈消费”，养成呼吸清新空气、喝干净放心水、吃无农药新鲜蔬菜水果、少开车、多步行、少用电、多回收废物的环保习惯。

8 环境空气污染物减排的关键技术及措施

8.1 热电厂和集中供热污染控制

通过关停小火电机组，实施脱硫整改工程，控制燃料含硫率，削减火电厂二氧化硫排放；通过实施降氮脱硝，削减火电厂氮氧化物排放；通过加强烟尘、粉尘治理，削减火电厂颗粒物排放。

拆除集中供热覆盖范围内 20t/h 以下的燃煤锅炉和违法建设的锅炉。建设热电联产或单台锅炉容量在 90t/h 以上、总规模在 280t/h 以上、供热面积在 300 万 m^2 以上的大规模集中热源。稳步推进燃气分布式供热，以及地源热泵、燃油、电采暖、可再生能源等供热。新民、辽中、法库和康平 4 个独立供热区域建设“一县（市）一热源”，扩大集中供热面积。

热电及集中供热项目如表 8-1 所示。

表 8-1 热电及集中供热项目

项目名称	项目主要内容	建成年限	投资（万元）
热电厂新扩改	康平发电有限公司 600MW 燃煤发电机组改造为供热机组，供热面积为 200 万 m^2	2015	6000
	新民热电厂 3 台 350MW 燃煤发电机组改造为供热机组，供热面积为 920 万 m^2	2015	450000

续表

项目名称	项目主要内容	建成年限	投资（万元）
热电厂新扩改	辽中热电厂 4 台 300MW 燃煤发电机组改造为供热机组，供热面积为 780 万 m^2	2015	550000
锅炉拆除	“上大压小”，拆除 20t/h 以下锅炉项目，县（市）具备并网条件的地区拆除 20t/h 以下供暖、生产锅炉和不符合环保要求的锅炉	2015	100000
一县（市）一热源	法库、康平建设热源厂，取缔拆除其他供暖锅炉，并网面积达到 4000 万 m^2	2015	200000

资料来源：《沈阳市环境空气质量达标方案》。表 8-2 至表 8-4 同此。

8.2 能源消耗综合整治及清洁能源推广

加大对集中供热覆盖区以外及临时使用锅炉的污染整治力度，有效控制污染源达标排放。

以推进洁净煤、秸秆成型燃料等低污染燃料为核心，以强化燃煤污染源治理为重点，有效提高煤炭加工、燃烧、转化和污染防控效率，全面实施污染源治理。在郊区县及农村地区，由于缺乏燃气等清洁能源，缺少有效的治理措施，因而要大力推广秸秆燃料在乡镇工业企业生产中的应用，减少燃煤消耗量，减少农村污染物排放。

取缔或更换城乡接合部等边远地区违法建设的燃煤散烧锅炉，加强政府部门间的联动，加大检查执法力度，对冒黑烟等超标排放现象及时发现、及时查处，彻底消除隐患。对违反环保相关法律规定，私自建设或扩改的燃煤锅炉要限期整改，更换符合环保要求的锅炉和污染治理设施，补办审批验收手续，否则予以强制取缔。

加大污染治理设施运行监管力度，加强在线监测布点和数据传输网络的建设，形成定期或不定期污染治理设施运行状况监测制度。

大力推进三县一市的气化工程，在天然气管网覆盖范围内，所有新建工业企业和三产行业必须使用天然气或其他清洁能源。积极推广地源热泵、污水源热泵、电热蓄能及太阳能等清洁能源项目。大力推进新能源汽车的使用，新增和更新的公交车全部采用液化天然气（LNG）等新能源，稳步推进液化天然气汽车在重型运输领域的应用。进一步完善加气站网络系统建设，在具备条件的高速服务区和交通节点建设液化天然气、液化压缩天然气加气站。

清洁能源项目如表 8–2 所示。

表 8–2　清洁能源项目

项目名称	项目主要内容	建成年限	投资（万元）
清洁能源	康平县、法库县风电场建设项目总装机规模 200 万 kW，年发电量 40 亿 kW·h	2015	1500000
	辽中县、法库县、康平县利用秸秆发电和生物质成型燃料项目	2015	20000
	农村户用沼气系统	2015	4000
	建筑物太阳能热水系统每年新增太阳能热水器集热器面积 5 万 ~6 万 m^2	2015	7000
农村新能源建设	生物质燃气集中供气 4 万户	2015	21000
	能源生态环境示范工程 20 处	2015	8000
	生物质成型燃料技术示范工程 20 处	2015	4000
煤改气	三县一市工矿企事业单位燃煤锅炉改气	2015—2016	113869.8

8.3　重点行业除尘脱硫脱硝

加大燃煤锅炉减排治理力度，所有燃煤污染源必须采取脱硫除尘措施，热电厂和国家规定的大型锅炉都要采取低氮燃烧技术，对单机容量 20 万 kW 的要建设削减氮氧化物的尾部脱销设施，并达到国家和地方政府下达的减排指标要求。严控新增燃煤项目建设，所有新、改、扩建和在用燃煤污染源，必须按环保部门的相关规定采取除尘、脱硫、脱硝等措施，污染物排放除了需要达到国家或地方污染物排放标准外，还要达到污染物总量减排指标。

除尘脱硫脱硝项目如表 8-3 所示。

表 8-3 除尘脱硫脱硝项目

项目名称	项目主要内容	建成年限	投资（万元）
锅炉脱硫改造	三县一市 80 台燃煤锅炉脱硫改造	2015	91084
工业炉窑脱硫	法库县陶瓷工业园窑炉烟气脱硫工程	2015	6000
电厂脱硝工程	国电康平发电有限公司 1#600MW 机组、2#600MW 机组燃煤锅炉脱硝工程	2015	26500
除尘改造项目	国电康平发电厂改造 1#600MW 机组、2#600MW 机组采用电袋复合式除尘器（改造前为电除尘）	2015	5200

8.4 移动源污染控制

目前，三县一市空气污染主要以煤烟型污染为主，但随着机动车数量的增加，机动车尾气污染呈快速上升趋势。根据 2013 年沈阳市环境监测站的监测结果，CO、HC、NO_x 在各类污染物中分别占 71.8%、72.9% 和 33.8%，沈阳市的机动车尾气排放已占大气总污染物的 20% 左右。因此，应通过发展绿色交通、实施机动车上牌管理、淘汰高污染车辆、重点区域限行、油气回收改造等措施，控制机动车对环境空气质量的影响。

开展新车源头污染控制，提高新车上牌控制标准。实施国Ⅳ标准准入制度，三县一市销售的汽车必须达到国Ⅳ标准，否则不予办理注册手续，对二手车同样采取国Ⅳ标准，从标准上杜绝高排放车辆进入本区域。

大力发展绿色交通，构建维持城市可持续发展的绿色交通体系，在满足人们的交通需求的同时，有效控制机动车尾气污染。重点整治客、货运车辆和用车大户排气污染，优化交通出行结构。发展常规公共交通、轨道交通、步行交通。推行环保交通工具，发展双能源汽车、天然气汽车、电动汽车、太阳能汽车等清洁燃料汽车和小排量汽车，鼓励公众自行车出行。加强燃油品质管理，油库、加油站要安装使用油气回收装置。

合理规划路网，加快绕城公路的建设，减少城镇建成区机动车尾气污染。开展绿标区创建工作，扩大“环保绿标路”创建范围，加强电子监控系统和机动车环境监管信息系统建设。

加大对冒黑烟车辆的查处力度。充分发挥群众的监督作用，对冒黑烟的公交车、环卫车、市政工程施工车辆、货运车等实施专项整治。

实行环保黄绿标识分类管理，提升环保标志管理水平。在全面实施机动车环保标识管理的基础上，利用物联网技术对不同排放标准的汽车进行分类管理，实现相关部门的信息共享。为了减少因机动车高速增长而带来的工作与人员压力，确保机动车尾气监管得以有效开展，应建立遥感监测系统，增加监控设施和手段，保证工作的实效性。

对尾气排放中不同的有害物质和浓度进行分析。在不影响车辆行驶的情况下，对机动车尾气进行动态实时监测，促进各用车单位和个人加强对车辆的保养和维护。建立道路两侧机动车在线监测系统，准确掌握机动车尾气对大气污染的贡献率。

机动车污染控制项目如表 8-4 所示。

表 8-4　机动车污染控制项目

项目名称	项目主要内容	建成年限	投资（万元）
大汽车项目	燃气汽车总量达到18000辆，其中，公交车3000辆，出租车10000辆，非公共车辆5000辆，并建成加气站50座；约1500辆公交大巴采用新能源汽车，出租车、公务车大量采用新能源汽车，全市各类新能源汽车总数达到10000辆以上，并建成较为完善的充电设施网络	2010—2015	7000
黄标车淘汰	淘汰2003年之前的各类黄标机动车120910辆	2011—2015	60455

8.5　扬尘污染控制

应从建筑工地围挡、工地运输、工地交通、工地搭临、建材堆放、工地对外影响六个方面，实施建筑工地扬尘污染控制。对房地产、工厂等所有建设项目的施工现场及所有拆迁工地、运输车辆强化监督管理，强制使用预拌商用混凝土及砂浆，所有施工现场采取围挡、遮盖、道路硬覆盖、喷水等防尘措施；煤炭、矿石、水泥、白灰等料堆以及装卸作业频繁的原料堆应堆放在密闭场所，露天堆放时要采取适宜的洒水、喷淋稳定、覆盖、防风围挡、硬化稳定等抑尘措施；所有运送建筑材料或建筑垃圾的车辆一律封闭或遮盖，同时对车辆要定期和随时清洗，保持清洁；对拆迁、填挖、装卸等施工扬尘实施强制治理和征收排污费；大力推进城市道路保洁，城区一、二、三级道路全部实现机械化湿式清扫和道路洒水抑尘，有效控制道路扬尘对环境空气质量的影响。

8.6　挥发性有机物污染控制

加强重点行业挥发性有机物排放监管，实施加油站、储油库、油罐车的油气回收综合治理。

全面禁止生物质等露天燃烧，削减挥发性有机物排放，减少臭氧前体物，减轻城市雾霾。

强化餐饮业油烟排放控制。开展三县一市餐饮业油烟排放检查，确保全部安装油烟处理设施；对使用超过两年的油烟净化装置进行清洗、保养或更换，确保油烟达标排放；开展油烟设施社会化运营试点。

加强对挥发性有机物排放企业的治理。对有机化工、印刷印染、服装干洗、汽车喷涂等使用有机溶剂的行业加强监管，要求采取密闭式作业方式，减少挥发性有机物排放。对挥发性有机物排放量较大的涂料、油墨、印刷等重点污染企业实施废气治理，加强设施检测和维修保养力度。

8.7 划定高污染燃料禁燃区

强化禁燃区管理，禁止原煤散烧，制定相应的环境管理政策。按照《沈阳市人民政府办公厅关于重新划定高污染燃料禁燃区的通知》（沈政办发〔2018〕98号）规定，县（市）级政府所在地划定为Ⅱ类高污染燃料禁燃区，建成区内的棚户区、城中村等区域划定为Ⅰ类高污染燃料禁燃区。在禁燃区内，禁止销售、燃用高污染燃料，禁止新、扩建燃用高污染燃料的设施，已建成的高污染燃料设施应当拆除或改用天然气、页岩气、液化石油气、电或者其他清洁能源，禁止直接燃用生物质燃料。

8.8 加强大气环境监测与应急管理

8.8.1 提升环境监管能力

以建立与新时期环境保护任务需求相匹配的环境监管能力体系为方向，以建立完备的监测预警体系、完善的执法监督体系为目标，夯实硬件、人员和保障三大基础，系统提升环境监管能力及水平。

提升监测仪器设备等硬件配置水平，强化对 PM2.5、臭氧等的监测，并建设环境监测信息发布平台。

全面提升队伍能力，建立和完善选人用人机制、考核评价机制、分配激励机制和人才引进机制，着力加强环境监测、执法人员培训。全面配齐三县一市环境监测站的人员，使之能够满足日常环境监测工作的需要。

强化环境监管保障，理顺环境监管体制，完善运行机制。建立健全环境监测质量管理制度体系，加强数据质量控制，完善环境监测技术体系，提高数据综合分析能力。

8.8.2 推进环境应急全过程管理

加强监测预警，建立健全环境风险防范体系。加强对大气环境风险源集中区域的监测，建立大气环境监测预警网络。充分运用卫星遥感、移动监测等新技术，健全动态立体的监测预警体系。

全力做好突发环境事件应急响应工作，加强信息报送和信息发布。突发环境事件发生后，各级环保部门要在当地政府的统一领导下，按照预案的要求立即采取响应措施，科学处置，最大限度地降低突发环境事件造成的危害和影响。严格执行突发环境事件信息报送制度，畅通信息报送渠道，对迟报、漏报甚至瞒报、谎报的行为要依法追究责任。协助政府及时发布准确、权威的环境信息，充分发挥新闻舆论的导向作用，为积极稳妥地处置突发环境事件营造良好的舆论环境。

9

环境空气质量达标技术和经济政策及考核管理

9.1 环境空气质量达标技术和经济政策研究

9.1.1 实施有效的技术政策

制订锅炉拆迁改造淘汰计划，凡是 20t/h（包括 20t/h）以下的锅炉，在 2017 年前必须拆除。三县一市建成区积极推进热电联产和大规模集中供热，实现“一县（市）一热源”。

大力发展稳燃、高效、低污染和防结渣的燃煤技术，推广循环流化床锅炉、燃煤联合循环发电（包括煤气化联合循环发电和增压流化床联合循环发电）。

积极推进使用清洁能源，禁止在三县一市建成区建设燃煤设施，所有单位及个人（包括第三产业）一律使用电、燃气等清洁能源。集中供热工程及所有燃煤设施都必须采取脱硫除尘措施，保证二氧化硫、烟尘达标排放。

组织有关科研单位、大专院校集中力量研究开发投资省、效率高、易管理、运行费用低、适宜当地气候条件的脱硫除尘技术及装置、清洁能源使用技术及装置、节能技术及装置，为燃煤污染防治提供技术支撑。

9.1.2 实施经济补偿及优惠政策

三县一市政府应建立燃煤污染防治基金，作为小锅炉拆除、热源和热网改造及建设、清洁能源推进、燃煤污染源治理等的补助资金、启动资金、奖励资金等。该资金可以由三县一市政府按一定比例共同筹集，同时争取社会募集。

对拆除改造的小锅炉房应给予一定的经济补偿，由房产局与锅炉房签订拆除改造协议，按照锅炉规模、使用年限确定每吨锅炉的补偿范围，一旦拆除结束，补偿资金立即到位。

对集中供热热源、热电联产、供热管网的改造与建设，应按照供热规模和管网长度，由政府给予资金补贴并提供贷款优先优惠、用地优惠等政策。

对大力使用清洁能源，采用水源热泵、电等供热的单位和个人，实施不燃煤补贴政策，按照供热面积给予资金补贴。

对积极推进锅炉拆除、实施集中供热、采用清洁能源、主动进行燃煤污染治理的优秀单位及个人给予奖励；对不按时完成锅炉拆除任务、阻碍集中供热、不进行污染治理的单位及个人进行经济处罚，处罚的资金作为奖励基金；对拒不拆除小锅炉的单位及个人加倍罚款和收取排污费。

三县一市政府财政部门应加大集中供热能力建设资金的投入力度，制定燃煤污染治理财力保障政策，每年从财政拿出专项资金用于燃煤污染治理工程。

9.1.3 加大排污费征收力度

加快排污口规范化建设，增强环境执法的科学性。加强主要污染源监控设施建设，尽快完善在线监测系统。根据监测结果，对排污企业严格按照《排污费征收标准管理办法》足额征收排污费，对生产经营亏损，确实不能足额缴纳的，建议变协议收费为定额收费，再逐步过渡到足额收费。

9.1.4 研究环境经济政策，重点解决政策实施配套问题

针对部分环境经济政策还不成熟的现状，县（市）环保局应牵头组织各科研院所、高校根据目前的经济、技术水平，研究适用的环境经济政

策，并重点解决政策实施配套的问题，如生态补偿政策的实施需要解决环境资源定价、生态服务功能价值货币化评估等问题，排污权交易需要解决排污权市场如何建立、初始排污权如何分配等问题。

9.1.5 建立沈阳市环境资源交易所，为排污权交易等政策的实施提供平台

建立环境资源交易所，等于给环境资源建立一个买卖的市场，环境资源就像股票一样可通过交易所买卖，如果企业有多余的排污指标，可以先卖给交易所，等需要的时候再根据实时价格买回来。关于环境资源交易所如何建立，可以借鉴长沙、上海等地的资源交易所建设经验。

9.1.6 充分发挥财政职能在环境经济政策中的引导作用

一是增强环保财政资金使用效果。应配合环境经济政策的实施，通过企业环境行为评级活动，与企业信贷、奖惩、形象挂钩，引导排污单位建立内生约束，主动加强治理。二是注重改革创新，完善经济政策。改革创新要解决相关机制问题，重要的是解决排放主体治污的主动性问题。这就要采用经济手段，既要有鼓励，也要有约束，对达到“领跑者”标准的先进企业给予鼓励，引导银行加大对大气污染防治项目的信贷支持，严格限制给环境违法企业贷款。

9.2 环境空气质量达标考核管理研究

为保证大气污染防治工作得以落实，改善城市环境空气质量，促进区域经济、社会与环境协调发展，应研究制定三县一市环境空气质量达标考核管理办法，该办法包括考核管理依据、考核管理对象、考核管理目标、考核结果等级划分、考核管理组织实施等方面的内容。

9.2.1 考核管理依据

考核管理依据为《大气污染防治行动计划》(国发〔2013〕37号)、《大

气污染防治年度实施计划编制指南（试行）》（环办函〔2014〕362号）、《辽宁省2014年大气污染防治实施计划》（辽蓝天办发〔2014〕2号）。

9.2.2 考核管理对象

考核管理对象为三县一市环境空气质量，考核管理试行阶段只考核PM2.5指标。

9.2.3 考核管理目标

以环境空气质量达标为目标，多角度推进大气污染防治工作，到2017年，重污染天气明显减少，灰霾天气得到有效控制，环境空气质量明显改善，PM2.5浓度控制在60 $\mu g/m^3$ 左右。

9.2.4 考核结果等级划分

三县一市环境空气质量管理每年考核一次，考核等级分优秀、良好、合格和不合格四个档次。城市环境空气质量按月通报，预考核结果按季度通报。考核管理试行阶段只考核PM2.5指标。

PM2.5指标年均浓度达到国家一级标准以上（低于15 $\mu g/m^3$）要求的，可评为优秀。

PM2.5指标年均浓度达到国家二级标准（低于35 $\mu g/m^3$）要求的，按照PM2.5指标年均浓度相对变化率：PM2.5指标年均浓度较上年稳中趋好（浓度下降幅度在5%以上，含5%）的，可评为优秀；其他仍达到国家二级标准的，可评为良好。

PM2.5指标年均浓度超过国家二级标准（35 $\mu g/m^3$）要求的，按照PM2.5指标年均浓度相对变化率：PM2.5指标年均浓度较上年有显著改善（浓度下降幅度超过15%）的，可评为优秀；PM2.5指标年均浓度较上年有所改善（浓度下降幅度在5%~15%之间，含5%、15%）的，可评为良好；PM2.5指标年均浓度较上年基本稳定（浓度下降幅度未超过5%，或浓度上升幅度未超过 10%，含 10%）的，可评为合格；PM2.5 指标年均浓度较上年变差（浓度上升幅度超过 10%）的，评为不合格；浓度上升幅度不超过 10%，但年度连续变差且累计上升幅度超过 10% 的，当年评为不合格。

PM2.5 指标年均浓度相对变化率为城市 PM2.5 指标年均浓度与上一年 PM2.5 指标年均浓度的差，再减去当年全县（市）PM2.5 指标年均浓度变化值的差值。

如遇沙尘暴等特殊情况导致的 PM2.5 超标，不计入考核范围。

9.2.5 考核管理组织实施

三县一市及各有关镇、各相关部门应根据考核管理办法制定本辖区、本部门环境空气质量保障方案和措施，并认真组织落实，切实改善辖区环境空气质量。

按照考核管理办法，对三县一市及各有关镇、各相关部门分别进行考核。沈阳市环保局成立三县一市环境空气质量管理考核工作领导小组，负责三县一市的环境空气质量管理考核，三县一市环保局成立环境空气质量管理考核工作领导小组办公室，每月将上月考核评分结果通报县（市）政府有关领导和有关镇、相关部门。县（市）政府对环境空气质量管理工作开展较好的镇和部门予以通报表彰和奖励，对工作开展不力的进行通报批评，并追究相关人员的责任。

9.2.6 考核管理办法具体内容

《三县一市环境空气质量达标考核管理办法（试行）》共分十条，其具体内容如下。

第一条　为落实三县一市各地政府保护辖区环境空气质量的法定职责，推动大气污染防治工作，改善环境空气质量，促进区域经济、社会与环境协调发展，根据《辽宁省 2014 年大气污染防治实施计划》，制定本办法。

第二条　本办法适用于对三县一市环境空气质量的管理考核，试行阶段只考核 PM2.5 指标。

第三条　为加强环境空气质量管理工作，成立由县（市）政府分管副县（市）长任组长，县（市）考评办、县（市）监察局、县（市）环保局为成员的县（市）环境空气质量管理考核工作领导小组，具体负责对考核结果进行审定。

考核工作领导小组办公室设在县（市）环保局，具体负责组织协调、检查和考核工作。

第四条　环境空气质量按照《环境空气质量标准》（GB3095-2012）进行评价。环境空气质量变化状况评价以上一年为基数。如某一行政区有多个空气监测站点，日均值按各站点监测的 PM2.5 指标日均值的算术平均值进行评价。

城市环境空气质量管理每年考核一次，考核等级分优秀、良好、合格和不合格四个档次。城市环境空气质量按月通报，预考核结果按季度通报。

第五条　PM2.5 指标年均浓度达到国家一级标准以上（低于 15 $\mu g/m^3$）要求的，可评为优秀。

PM2.5 指标年均浓度达到国家二级标准（低于 35 $\mu g/m^3$）要求的，按照 PM2.5 指标年均浓度相对变化率：PM2.5 指标年均浓度较上年稳中趋好（浓度下降幅度在 5% 以上，含 5%）的，可评为优秀；其他仍达到国家二级标准的，可评为良好。

PM2.5 指标年均浓度超过国家二级标准（35 $\mu g/m^3$）要求的，按照 PM2.5 指标年均浓度相对变化率：PM2.5 指标年均浓度较上年有显著改善（浓度下降幅度超过 15%）的，可评为优秀；PM2.5 指标年均浓度较上年有所改善（浓度下降幅度在 5%~15% 之间，含 5%、15%）的，可评为良好；

PM2.5 指标年均浓度较上年基本稳定（浓度下降幅度未超过 5%，或浓度上升幅度未超过 10%，含 10%）的，可评为合格；PM2.5 指标年均浓度较上年变差（浓度上升幅度超过 10%）的，评为不合格；浓度上升幅度不超过 10%，但年度连续变差且累计上升幅度超过 10% 的，当年评为不合格。

PM2.5 指标年均浓度相对变化率为城市 PM2.5 指标年均浓度与上一年 PM2.5 指标年均浓度的差，再减去当年全县（市）PM2.5 指标年均浓度变化值的差值。

如遇沙尘暴等特殊情况导致的 PM2.5 超标，不计入考核范围。

第六条　环境空气质量管理考核结果与建设项目环境影响评价相挂钩。环境空气质量管理考核评定为不合格的地区，从下一年度开始，市环境保护行政主管部门暂停审批对该地区 PM2.5 指标造成重大影响的工业建设项目。通过污染治理等措施，环境空气质量状况持续两个季度达到合格要求的，可以向市环境保护行政主管部门申报解除上述限批措施。市环境保护行政主管部门应及时予以核定，确实符合要求的，应及时解除限批措施。

第七条　环境空气质量管理考核结果与经济奖励处罚相挂钩，根据环境空气质量管理考核情况和 PM2.5 指标年均浓度下降或上升的程度，对县（市）分别给予相应的经济奖励或处罚。考核结果在合格以上的，PM2.5 指标年均浓度下降幅度在 10% 以内、10%~20%、20%~30%、30%~40%、40% 以上的，分别奖励 25 万元、50 万元、100 万元、120 万元、150 万元。考核结果不合格的，PM2.5 指标年均浓度上升幅度在 10%~20%、20%~30%、30%~40%、40% 以上的，分别处罚 25 万元、40 万元、60 万元、100 万元。年度奖罚方案由市环境保护行政主管部门与市财政行政主管部门共同提出，报市政府批准后，通过市财政转移支付落实。

第八条　三县一市应根据本办法制定本辖区大气环境污染治理的远期目

标和年度计划，并认真组织落实，进一步强化本辖区大气污染防治措施，细化分解各项任务，加大污染治理的投入力度，切实改善辖区环境空气质量。

第九条　环境空气质量管理年度考核结果报经市政府同意后，向社会公布。

第十条　考核工作由市环境保护行政主管部门组织实施。

10 环境空气质量达标行动计划

10.1 指导思想

以党的十八大和十八届三中、四中、五中全会精神为指引，以百姓需求为导向，以群众满意为标准，以改善大气环境质量、减少灰霾天气为目标，坚持经济发展与环境保护相协调、政府调控与市场调节相结合、重点突破与全面推进相结合，全面实施蓝天行动，以治理燃煤污染、控制机动车尾气污染、整治扬尘污染为重点，使三县一市环境空气质量在三年内有明显提升，人居环境得到明显改善。

10.2 环境空气质量目标

经过三年的努力，三县一市环境空气质量明显改善，重污染天气较大幅度减少，灰霾天气得到有效控制。到 2017 年，三县一市 PM2.5 年均浓度达到 60 $\mu g/m^3$，优良天数逐年提高。

10.3 行动工作指标

到 2017 年，三县一市实现“一县（市）一热源”；拆除 20t/h 以下的燃煤采暖锅炉，非热电供应工业（企业）及服务业基本实现气化，第三产业清洁能源使用率达到100%；天然气管网覆盖到70%的乡镇；完成国家下达的落后产能淘汰任务，重点行业排放强度下降30%以上；50%以上的公共交通使用清洁能源，完成80%的出租车双燃料改造；30%以上的省市级工业园区完成循环化改造，建成生态工业园。

10.4 实施原则

（1）县（市）政府是大气污染防治的责任主体，对辖区内的环境空气质量负责。县（市）环境空气质量达标行动计划所列重点项目，由县（市）各所属街、镇政府及相关职能部门负责落实，确保每个工程项目按时完成。

（2）实行县（市）政府领导下的环保部门综合协调、各部门分工负责制度和责任追究制度。

（3）本计划在《沈阳市蓝天行动实施方案（2015—2017年）》的基础上，结合县（市）实际，进一步加大污染防治力度，包括七大防治工程和五大保障措施，以达到全面提升县（市）环境空气质量的目的。

10.5 主要任务

10.5.1 区域一体高效供热工程

10.5.1.1 编制县（市）区域一体高效供热规划

根据县（市）发展规划和供热现状，依据国家和省市政府的要求，编制2020年前的县（市）区域一体高效供热规划。供热规划要有前瞻性和开创性，要定位县（市）未来城区供热的发展方式和方向，合理解决当前大热源不足、城区小热源盲目扩建，致使污染治理设施改造不具备空间条件、空气污染难以根治的现实问题。加快新建热电联产项目和大型热源项目的申报、审批和建设速度，在县（市）建成区内和重点街镇鼓励社会化供暖单位使用天然气等清洁能源。

10.5.1.2 严格审批新、改、扩建热源

在新建热源的选址上，发改、规划、环保、供暖等部门要建立第一时间会商制度，防止政策脱轨，优先支持大型热电联产企业或大型企业建设热源，提倡网源合一，为拆除并网做准备。除供热规划保留的具备改、扩建条件的大型热源外，禁止一切现有供热锅炉房的改、扩建。所有新、改、扩建热源项目要严格实施环保“三同时”制度，按照环评要求安装高效的除尘、脱硫和脱硝设施。所有新、改、扩建热源项目实施以新带老制度，按照新建热源同等吨位替代现有分散燃煤供暖锅炉。工业园区和新城镇原则上只能规划建设一个区域高效热源或依托大型热电联产企业集中供热。现有规划面积在 50km^2 以上的工业园区和新城镇，热源单台燃煤锅炉容量不得小于 90t/h；规划面积在 25km^2 以下的工业园区，热源单台燃煤锅炉容量不得小于 75t/h。新建集中热源单台锅炉容量要大于 90t/h，总容量要达到 280t/h 以上，供热能力要达到 300 万 m^2 以上。

10.5.1.3 深入推进拆除联网工作

到 2017 年，对具备拆除联网条件的单台容量小于 20t/h（含）的燃煤供热锅炉房实施拆除并进行联网改造。住建部门要科学制订拆除联网计划，逐年分步实施。到 2017 年底，新民市、辽中县、康平县、法库县全部实现“一县（市）一热源”和“一镇一热源”。

10.5.1.4 强化能源结构调整，优先使用清洁能源

全面优化能源结构，转变能源消耗方式。大力发展生物质能、地热能、风能、太阳能等清洁能源，逐步提高三县一市使用清洁能源的比例。到 2017 年，县（市）清洁能源消费占能源消费总量的比重提高到 50% 以上，第三产业清洁能源使用率达到 100%。完成县（市）全部非社会化供

暖单位的清洁能源供热改造任务，实现清洁能源供热率在2014年的基础上提高10%的目标。

10.5.2 气化工程

10.5.2.1 编制县（市）天然气发展总体规划

发改部门要编制县（市）天然气发展总体规划，并与规划环评同步进行。加快天然气供气管网建设速度，加强用气安全设施建设。到2017年，基本完成天然气管网建城区全覆盖工程。在天然气管网覆盖范围内，一切不能联网到热电联产企业的新、改、扩建工业和第三产业项目，必须全部使用天然气等清洁能源。

10.5.2.2 大力推进“煤改气”工程

到2015年底前，在县（市）建成区内，所有非社会化供暖单位禁止使用燃煤设施，一律改用天然气等清洁燃料。供气部门对改建的项目要减免工程配套等费用，将管网接入用气单位，并在现有用气价格上给予优惠等支持。到2016年，具备用气条件的经济开发区、工业园区企业全部完成清洁能源替代工作。到2017年，对具备改造条件的建成区内自行供热的工业企业实施天然气等清洁能源改造。

10.5.3 工业企业治理工程

10.5.3.1 加速淘汰落后产能，推进重污染企业搬迁改造工作

优化工业结构，加大落后产能淘汰力度，倒逼产业转型升级。县（市）经信部门负责按照《部分工业行业淘汰落后生产工艺装备和产品指导目录（2010年本）》、《产业结构调整指导目录（2011年本）》（修正）、《高耗能落后机电设备（产品）淘汰目录》及相关行业准入规范，组织开展摸底调查，将落后产能、工艺技术和设备（产品）于2016年底前列入淘汰目标计划并实施。

大力推进重点污染企业搬迁改造工作。到2017年底，完成淘汰目标计划内全部重点污染企业的搬迁改造工作。

10.5.3.2　实行工业企业园区化管理

大力调整产业布局，发展循环经济，引导产业集聚发展，进一步推进工业园区循环化改造，推进能源梯级利用，构建循环型工业体系。到2017年，基本实现工业企业园区化管理，提升工业园区的综合管理水平，提高园区环保准入标准。所有工业园区要明确行业定位，实施规划环评制度。已经完成规划环评审批的工业园区，要按园区定位和环境准入政策审批项目，不符合园区规划环评定位的项目一律不予审批；未办理规划环评审批的工业园区，不得新建工业项目。

10.5.3.3　全面实施燃煤设施的除尘、脱硫、脱硝整治

新、改、扩建的一切燃煤设施必须安装高效除尘、脱硫、脱硝等污染防治设施，并严格执行国家排放标准。到2017年底，现有具备改造条件的单台20t/h（含）以上的非电燃煤锅炉要完成除尘、脱硫、脱硝治理改造工作，实现烟尘、二氧化硫、氮氧化物达标排放。

10.5.4　城市抑尘工程

10.5.4.1　明确责任分工，建立抑尘监管体系

认真贯彻落实《辽宁省扬尘污染防治管理办法》，进一步明确政府各部门的责任分工，形成由县（市）政府负总责，环保部门综合协调，县（市）住建局、执法局、公安局等部门各负其责、相互配合的协调机制和工作格局。积极开展扬尘污染控制区的建设，到2017年，实现建成区内降尘量明显下降。

10.5.4.2　加强建筑和拆迁施工工地的抑尘管理

三县一市政府应全面落实《沈阳市建筑扬尘防治管理办法》，严控建筑和拆迁施工工地及建筑材料运输等环节的扬尘污染。针对各类施工现

场，采取设立围挡、安装视频监控设备、裸露地面覆盖、建筑垃圾封闭式清运、物料堆防尘等措施，具备条件的必须采取现场洒水降尘、运输工程车辆清洗等措施，严禁露天搅拌和焚烧废物。加强拆迁工程扬尘管理，拆除现场采取设立广告式围挡、场内每天定时洒水降尘、出入口安装地埋式轮胎自动清洗机、进行同步喷淋作业等措施，抑制拆迁扬尘。不能及时清运的残土，应当覆盖防尘网、喷洒粉尘抑制剂或洒水，拆除工程完毕后15日内不能开工的建筑用地，房屋征收管理部门应当采取覆盖、地面硬化、绿化等措施控制扬尘。

10.5.4.3　控制道路施工扬尘和二次扬尘污染

县（市）住建局要严格规范道路施工过程，采取湿法施工、防尘覆盖、及时清运残土等措施，有效防治道路施工扬尘。加强城市道路洒水抑尘，县（市）景观路和一级街路在非冬季每天要至少进行三次喷水作业，二级以上道路要采取机械化湿式吸扫方式，提高湿式机械清扫率。

10.5.4.4　严控易扬尘企业的污染

加强易扬尘企业的审批、管理。新建的水泥和沥青搅拌站要建设全封闭式的料仓，并安装粉尘吸附装置。对现有大型易扬尘企业和建成区内各种易扬尘堆场、料场、煤场等，要全面采取建设防尘棚和抑尘网、绿化铺装、喷洒稳定剂等措施，防治扬尘污染。

10.5.4.5　全面禁止露天焚烧

在县（市）范围内全面禁止露天焚烧行为。禁止将农作物秸秆、城市清扫废物、生活垃圾、园林废物、建筑废物等进行露天焚烧。

10.5.4.6　消除裸露地面，加强生态修复

大力推进县（市）建成区及乡镇周边绿化和防风防沙林建设，扩大城镇建成区绿地规模，抵御外来风沙污染。通过各种渠道与手段增加城镇绿

地面积，新建道路要配建相应的绿化带，在城镇拆迁改造与建设过程中，强化场地绿地建设。

10.5.5 绿色交通工程

10.5.5.1 加强机动车尾气检测管理

严格遵照新车注册环保要求，对不符合国家机动车排放标准的车辆不予登记注册。实行机动车环保合格标志管理，使机动车环保检验率达到 90% 以上。严格落实机动车氮氧化物总量控制措施，禁止尾气排放超标车辆上路行驶。到 2015 年底，基本淘汰 2005 年底以前注册的营运黄标车。到 2017 年，彻底淘汰黄标车。鼓励出租车及时更换高效尾气净化装置。加强工程机械等非道路移动机械的污染控制。

10.5.5.2 大力推进新能源汽车的使用

县（市）新增和更新的公交车、出租车等营运车辆，要选用利用天然气（LNG）、电等新能源的车型。到 2017 年，基本完成三县一市出租车的双燃料改造工作。鼓励从事省内长途旅游包车业务的企业使用天然气汽车，稳步推进天然气汽车在重型运输领域的应用。制定政策鼓励私家车实施双燃料改造，引导个人购买使用新能源汽车。公交、环卫和政府机关公务用车要率先使用纯电动汽车等新能源汽车。发改部门负责制定相关政策措施和标准，进一步规范机动车双燃料改装市场，使车主到政府认定的具备改造资质的汽车改装厂进行车辆改装，并由公安交警部门和交通运管部门备案，确保改装车辆的运营安全。加快加气站等基础设施建设，合理规划加气站位置和数量，以满足日益增大的市场需求，确保加气站建设与车辆发展规模同步。

10.5.5.3 开展加油站、储油库、油罐车油气回收改造工程

所有新、改、扩建的加油站、储油库必须配备油气回收设施。到 2017 年，基本完成加油站、储油库和油罐车油气回收改造工程，对未按期完成

的经营单位实施限批。

10.5.5.4 提升燃油品质

加油站要按国家要求的时限供应国家第五阶段标准的车用汽油、柴油，不得销售不符合标准的车用汽油、柴油。加强油品质量监督检查，严厉打击非法生产、销售不合格油品的行为。

10.5.6 管理减排增效工程

10.5.6.1 加大管理减排力度

加大管理减排力度，向管理减排要效益。对重点企业开展强制性清洁生产审核，针对节能减排关键领域和薄弱环节，采用先进的技术、工艺和装备，实施清洁生产技术改造。通过试行大气排污许可证，下达烟尘、二氧化硫和氮氧化物总量排放控制指标等管理手段，减少大气污染物排放量，完成市政府每年下达的减排指标。实施新建项目主要污染物总量控制政策，把污染物排放总量作为环评审批的前置条件，以总量定项目。本着“谁污染，谁负责；多排放，多负担；谁减排，谁受益”的原则，积极推进激励与约束并举的节能减排新机制。

10.5.6.2 强化高污染燃料禁燃区管理

县（市）政府要对正在使用高污染燃料的单位下达限期治理通知，并对超出期限继续燃用高污染燃料的设施予以强制拆除和没收。除尘和脱硫效率分别高于 99.5% 和 80% 的燃煤锅炉，可以使用含硫量和灰分分别低于 0.8% 和 24% 的煤炭；除尘和脱硫效率分别低于 99.5% 和 80% 的燃煤锅炉，必须使用含硫量和灰分分别低于 0.5% 和 15% 的煤炭，否则视为大气污染超标排放，应依法予以处罚。

10.5.6.3 健全法规体系，依法行政，加强运行监管

进一步完善监管体系，重点开展总量控制、排污许可、应急预警、法律

责任等方面的制度建设，研究制定对恶意排污、造成重大污染危害的企业及其法人追究刑事责任的实施办法。加大对环境违法行为的处罚力度，提高环境监管能力，加强环境监测、监察队伍能力建设，充实执法力量，增加执法投入，提高执法能力。环保部门要对排污企业使用的大气污染防治设施的完好情况、运行情况进行有效监管，从严查处大气污染防治设施擅自闲置和不正常运转的环境违法行为，防止减排反弹。重点污染源企业必须安装在线监测设备，新安装验收合格的自动监测设备运行一个季度后，必须进行审核及监督考核。对国家控制管理重点污染物排放源企业自动监测设备的日常运行每季度考核一次，其他企业每半年考核一次，并将考核结果通知运行单位。加大排污费征收力度，做到应收尽收，从而增强企业自主减少污染物排放的积极性。

10.5.6.4 加强饮食服务行业油烟防治

严格规范新建饮食服务企业的环保审批，要求新建饮食服务企业必须安装高效油烟净化设施。现有餐饮服务企业油烟净化设施不能正常使用的，要进行限期治理。严格监督企业开展油烟净化设施清洗维护工作，确保油烟净化设施发挥功效。

10.5.7 大气监控预警工程

10.5.7.1 建设大气重点监控管理信息系统

建设统一布局的环境空气质量监测网络和重点污染源在线监控体系。对大型燃煤热源等重点大气污染源实行自动实时监控和超标预警，确保大气污染治理设备正常运行。城区内建筑工地的敏感位置要安装视频监控设备，实现施工工地重点环节和部位的精细化管理。建立环境空气质量监测数据的抽查和考核机制，确保环境空气质量监测数据的全面性、真实性、准确性和及时性。

10.5.7.2 建立监测预警体系，制定重污染天气应急预案

环保部门要加强与气象部门的合作，建立重污染天气监测预警体系，做好重污染天气过程的趋势分析，完善会商研判机制，提高监测预警的准确度，及时发布监测预警信息。加紧制定和完善重污染天气应急预案并向社会公布，落实责任主体，明确应急组织机构及其职责、预警预报及响应措施、应急处置及保障措施等内容，按不同的污染等级确定相应的应对措施。定期开展重污染天气应急演练。将重污染天气应急响应纳入政府突发事件应急管理体系，实行政府主要负责人负责制。

10.6 保障措施

10.6.1 加强组织领导

县（市）成立“蓝天行动计划”指挥部，县（市）长、副县（市）长直接牵头任指挥部总指挥、副总指挥，成员单位有县（市）发改局、县（市）财政局、县（市）规划局、县（市）经信局、县（市）服务局、县（市）供暖办、县（市）农村经济局、县（市）公安局、县（市）交通局、县（市）监察局、县（市）住建局、县（市）行政执法局、县（市）质量技术监督局、县（市）环保局和各街、镇政府。指挥部办公室设在县（市）环保局。

各县（市）人民政府应切实加强本地区“蓝天行动计划”工作的组织领导，参照市政府“蓝天行动计划”的组织机构和责任分工，明确具体工作部门和工作人员，并结合本地实际，制定改造项目名单，编制工作实施方案。

10.6.2 明确责任分工

县（市）人民政府负总责，各职能部门分工负责，环保部门综合协调和调度。

各相关部门、各乡（镇）人民政府、产业园区要制定本部门、本地区的实施细则，确定工作重点任务和年度控制指标，完善政策措施，并不断加大监管力度，确保任务明确执行到位。县（市）政府各职能部门要分工负责、密切合作、统一行动，形成大气污染防治的强大合力。

县（市）发改局和住建局负责编制供热、供气等规划；县（市）经信局负责牵头做好调整产业结构、淘汰落后产能及配合环保局进行加油站油气回收改造等工作；县（市）财政局负责资金支持；县（市）住建局和供暖办负责实施区域一体高效供热工程、拆除分散及不具备建设高效污染防治设施条件的供热锅炉、落实住建基金等工作；县（市）交通局负责做好机动车尾气污染防治工作；县（市）住建局和行政执法局负责落实城建基金，开展扬尘方面的管理及执法工作；县（市）监察局负责各部门行政效能的考核和责任追究工作；县（市）环保局负责起草全县（市）“蓝天工程”实施方案并明确职责分工，负责联系和沟通市政府“蓝天工程”领导小组，对环境空气质量及工作效能进行考评。

企业是大气污染治理的责任主体，要按照相关法律、法规、规章和政策要求，加强内部管理，增加资金投入，采用先进的生产工艺和治理技术，确保达标排放，甚至“零排放”。企业要自觉承担保护环境的社会责任，接受社会监督。

10.6.3 保障资金投入

县（市）政府要加大财政投入，将“蓝天工程”相关经费纳入预算，保障资金落实到位。发挥税费政策的调节作用，全面落实财税优惠政策。建立并实施绿色信贷制度，发挥金融手段的约束作用。制定脱硫、脱硝等补贴政策，将建设项目生态补偿和大气污染排放超标处罚等资金专项用于“蓝天工程”项目建设，建立以奖代补、以奖促治等鼓励机制，强化财政资金的引导作用，提高财政资金的利用效率。创新投入机制，发挥资本市场的融资功能，多渠道引导企业、社会资金积极投入“蓝天工程”。企业作为大气污染治理的责任主体，要积极筹措资金，确保按期完成“蓝天工程”治理项目。

10.6.4 加强环境执法

加强县（市）环境执法监管体系建设，加大环境执法力度。相关部门要依据本部门职能分工，加强对重点企业、重点建筑工地、机动车尾气等大气污染排放源的管理和对污染治理设施运行情况的执法检查，加强对“蓝天工程”治理项目的进展情况进行巡查。“蓝天行动计划”指挥部要定期组织相关部门开展环境联合执法检查和督查，严肃查处各类违法、违规行为。实施跨行政区执法合作和部门联动执法，加重罚则，使罚款额与治污成本、污染物排放量、违法行为持续时间、污染造成的损失等因素挂钩，震慑违法行为。对于拒不改正的企业，可以依法责令停产或取缔。

10.6.5 强化公众参与

县（市）政府及相关部门应建立环境信息公开制度，定期发布环境空气质量、落后产能淘汰、产业结构调整、能源结构调整、施工扬尘管理、道路扬尘管理、机动车管理等与广大人民群众利益相关的重大信息，鼓励公众参与、媒体监督，动员社会力量参与到行动计划中来，充分发挥新闻舆论和人民群众的监督作用。

积极开展多种形式的宣传教育，让公众了解行动计划的重要意义，营造全民支持大气污染治理的社会氛围。重点开展以 PM2.5 为重点的大气污染防治宣传教育，普及大气污染防治的科学知识，倡导文明、节约、绿色的消费方式和生活习惯，引导公众从身边的小事做起，逐步在全社会树立起“同呼吸、共奋斗”的行为准则，努力改善环境空气质量。

参考文献

[1] 巴雅尔塔 . 乌鲁木齐市大气污染现状、成因与综合防治对策研究 [D]. 乌鲁木齐：新疆农业大学，2003.

[2] 蔡秀锦 . 我国区域大气污染联防联控法律制度研究 [D]. 苏州：苏州大学，2014.

[3] 陈永林，谢炳庚，杨勇 . 全国主要城市群空气质量空间分布及影响因素分析 [J]. 干旱区资源与环境，2015（11）.

[4] 陈郁青 . 福州市区大气污染特征及防治对策研究 [D]. 福州：福建师范大学，2001.

[5] 丁镭，方雪娟，赵委托，等 . 城市化进程中的武汉市空气环境响应特征研究 [J]. 长江流域资源与环境，2015（6）.

[6] 樊文雁 . 北京及周边地区大气污染初步研究 [D]. 兰州：兰州大学，2008.

[7] 高燕宁 . 财政政策视角下的北京市空气污染治理效率研究 [D]. 呼和浩特：内蒙古大学，2016.

[8] 韩悦臻，张行峰，王巍巍 . 从规划层面谈城市大气污染治理 [J]. 山东建筑大学学报，2007（3）.

[9] 何蜜斯 . 环保投资大气污染治理效率及影响因素的研究 [D]. 北京：首都经济贸易大学，2014.

[10] 姜安玺，时双喜，徐江兴 . 主要大气污染的现状及控制途径 [J]. 哈尔滨建筑大学学报，1999（6）.

［11］姜罡丞 . 我国城市大气污染及其防治对策［J］. 许昌师专学报，1999(2).

［12］姜咏栋 . 泰安市区大气污染现状及控制对策研究［D］. 泰安：山东农业大学，2008.

［13］金永民 ."十一五"期间抚顺市环境空气质量现状及污染原因分析［J］. 环境科学与管理，2013（3）.

［14］李菲，谭浩波，邓雪娇，等 .2006~2010 年珠三角地区 SO_2 特征分析［J］. 环境科学，2015（5）.

［15］李锋，王如松 . 北京市绿化隔离地区绿地的生态服务功能及调控对策［J］. 北京规划建设，2003（Z）.

［16］李宏斌 . 乌鲁木齐市大气污染治理对策研究［D］. 北京：中国政法大学，2011.

［17］李婕，滕丽 . 珠三角城市空气质量的时空变化特征及影响因素［J］. 城市观察，2014（5）.

［18］李蔚程 . 社会经济发展对空气污染的影响探析——以武汉市为例［J］. 北方经贸，2015（6）.

［19］廖志恒，范绍佳，黄娟，等 . 2013 年 10 月长株潭城市群一次持续性空气污染过程特征分析［J］. 环境科学，2014（11）.

［20］廖志恒，孙家仁，范绍佳，等 .2006~2012 年珠三角地区空气污染变化特征及影响因素［J］. 中国环境科学，2015（2）.

［21］刘翠 . 西安市环境空气质量污染变化特征与影响因素研究［D］. 西安：西北大学，2013.

［22］刘丽 .20 世纪 90 年代以来美国的空气污染治理研究［D］. 石家庄：河北师范大学，2015.

［23］刘燚 . 京津冀地区空气质量状况及其与气象条件的关系［D］. 长

沙：湖南师范大学，2010.

［24］罗春，刘益民，杨荣江．奎屯市大气环境质量分析评价［J］．兵团教育学院学报，2004（1）．

［25］孟小峰．重庆主城区空气质量时空分布及其影响因素研究［D］．重庆：西南大学，2011.

［26］牛仁亮，任阵海，等．大气污染跨区影响研究——山西大气污染影响北京的案例分析［M］．北京：科学出版社，2006.

［27］平措．我国城市大气污染现状及综合防治对策［J］．环境科学与管理，2006（1）．

［28］钱婧．基于 SPSS 模型的陕西省大气污染物 PSR 指标体系情景预测［D］．西安：西安建筑科技大学，2014.

［29］苏良缘，沈然．京津冀区域城市化程度与颗粒物污染的相关性研究［J］．北京城市学院学报，2015（2）．

［30］屠建学，黄梅兰，马玉成．分类施策成效显著，科学依法持续推进——兰州市大气污染防治工作实践与探索［J］．甘肃行政学院学报，2015（2）．

［31］王陆军，杜维华．眉县大气环境质量状况分析及治理措施研究［J］．宝鸡文理学院学报（自然科学版），2007（3）．

［32］王倩．20 世纪 60–70 年代美国治理空气污染政策探析［D］．长春：东北师范大学，2009.

［33］王庆松．山东城市化发展战略对大气环境影响研究［D］．济南：山东大学，2010.

［34］王夏宾．邢台市大气污染治理问题与对策研究［D］．石家庄：河北经贸大学，2015.

［35］王兴杰，谢高地，岳书平．经济增长和人口集聚对城市环境空气

质量的影响及区域分异——以第一阶段实施新空气质量标准的 74 个城市为例［J］. 经济地理，2015（2）.

［36］王勇军．中央政府与地方政府在城市空气污染治理中的博弈研究［D］. 成都：西南石油大学，2012.

［37］王占山，李云婷，陈添，等 .2013 年北京市 PM2.5 的时空分布［J］. 地理学报，2015（1）.

［38］徐伟嘉，何芳芳，李红霞，等．珠三角区域 PM2.5 时空变异特征［J］. 环境科学研究，2014（9）.

［39］于海斌，薛荔栋，郑晓燕，等 .APEC 期间京津冀及周边地区 PM2.5 中碳组分变化特征及来源［J］. 中国环境监测，2015（2）.

［40］于晶晶．北京市空气质量影响因素及改善措施研究［D］. 北京：首都经济贸易大学，2015.

［41］余光明，王磊，安乐生，等．安庆市 2007~2013 年大气污染物变化特征研究［J］. 江西农业学报，2015（1）.

［42］余志乔，陆伟芳．现代大伦敦的空气污染成因与治理——基于生态城市视野的历史考察［J］. 城市观察，2012（6）.

［43］张鹤．北京市大气污染防治法律问题研究［D］. 哈尔滨：东北林业大学，2007.

［44］张晖．基于 PSR 模型的大气复合污染情景分析指标体系研究［D］. 北京：中国环境科学研究院，2009.

［45］张庆阳，张沅，曹学柱．城市大气污染治理有关研究［J］. 气象科技，2001（4）.

［46］张殷俊，陈曦，谢高地，等，中国细颗粒物（PM2.5）污染状况和空间分布［J］. 资源科学，2015（7）.